The Textbook of Mobile App Marketing

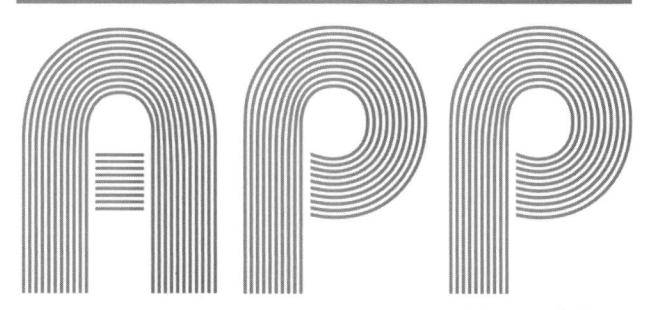

APP
行銷變現術

從獲取用戶、精準投放廣告到
實現流量獲利的商業模式

App 老師 坂本達夫、
內山隆 ————— 著
王美娟 ————— 譯

序言

「雖然在App行銷業界待了10多年，可是狀況一直沒有『好轉』呢……。」

這個想法，是促使我們撰寫這本書的動機。執筆者之一的坂本達夫，自日本的智慧型手機黎明期起就與眾多人士共事，為手機App的推廣與營利提供協助。

坂本在任職於外資企業期間還經營部落格「Q的雜念記」，多年來持續發布App商務的相關資訊。也因此得以在App行銷業界廣結善緣，不少人都表示「我看過坂本先生的部落格」。

這種時候，第一次從事App商務工作的人大多會問：「該怎麼進行App的推廣與營利呢？」有些人還會接著問：

「App的行銷與營利該『如何學習』呢？有沒有什麼推薦的網站或書籍？」

上述情形使我們強烈意識到，大家需要更加全面、更有系統地整理相關知識的資訊。然而瀏覽業界相關資訊卻發現，網路上固然有針對個別議題詳細探究的部落格文章，卻沒有能夠從零開始一次學習所有知識的網站或書籍，這點同樣令我們非常「著急」。

在2023年的日本，以App為起點的事業已不再是專屬於新創企業的領域，大型企業也將之當作「消費者接觸點」而理所當然地加入。看到市場變得這麼大，而且還有許多生力軍加入這個領域，自黎明期就從事

App相關工作的我們感到非常開心。

為了幫助從事App相關工作的日本人士提升知識水準

不過，坦白說在市場擴大的過程中「出現了整個App業界必須處理的課題」，更正確的講法是「課題一直都存在，但長久以來都沒有解決」，而這就是開頭那句牢騷的背景因素。

例如以下的情況：

・廣告詐欺（Ad Fraud）蔓延
・依賴Google、Meta、Apple等巨型平臺並且「停止思考」
・日本製App品質很好，但廣為全球使用的卻是少數
・外國製App「不守規矩」的宣傳行為在日本氾濫猖獗

我們覺得特別重要的問題是，如今App產業的規模持續擴大，可是卻未確立業界的「標準」或是「最佳實踐」這類「理當如此」的觀念以及方法論。

此外，若將視野從App放大到整個數位廣告，從網路廣告算起，數位廣告本身已有數十年的歷史。但是，由於這個領域太過多元與廣泛，最近才開始從事數位行銷的人，能夠全面性地學習數位廣告的機會其實變少了，而這也是一個課題。

我們認為，能夠突破這些課題的「靈丹妙藥」只有一種，而且非常簡單。那就是**「提升從事App相關工作的日本人士的知識水準」**。

就我們所見，因為缺乏正確的知識，或是擁有的知識不夠全面，導致個人或組織無法做出正確決策的案例實在不少。

既然業界因為這個緣故，無法自動自發地往好的方向發展、進步，

在這個領域接受10多年栽培的我們認為，自己有必要挺身而出提供一些助力。

「降低失敗機率」是有可能的

　　無論是不是App，要開發出對使用者有價值的服務都不是件容易的事。這需要極大的努力、豐富的感受性，以及包括時機在內的運氣等各種要素。但是，即便製作出好東西，也不保證使用者一定會注意到，而且也未必會賺錢。

　　不過，**若說到行銷或營利（尤其在數位領域）倒是有再現性高、稱得上理論的方法**。感受性與運氣等要素的占比也不大。

　　儘管學習這些方法，無法讓開發出來的服務「一定能成功」（因為成功與否大部分取決於服務本身的好壞），不過應該可以避免好服務不被使用者注意到或是不賺錢，從而「降低失敗的機率」。

　　日本有許多開發好服務的人士與公司，但是「因為不曉得這麼簡單的道理，導致事業無法成功」的案例時有所聞。如果能盡量減少這種情況發生，我們寫這本書就有意義了。

　　本書是針對以下人士撰寫而成。

個人角度
- 第一次進行App的推廣或營利
- 要正式經營App事業
- 認為App行銷就是──以低取得成本獲得許多安裝成果
- 其實對測量或廣告詐欺等許多東西都不是很懂

企業角度
- 雖然有行銷經驗或行銷組織，但團隊成員對App僅是略知皮毛

- 想聘僱擅長 App 行銷的人才，卻不會制定錄用標準
- 因為缺乏知識，錄用之後也無法制定適當的評鑑標準
- 擔心遇到廣告詐欺，或是根本沒注意到這件事

　　上述的初學者，能夠從數位廣告的基礎學起，並且能夠粗略習得 App 行銷人所需的大部分知識。除此之外，還可將 App 的潛力發揮到最大限度以實現營利，不錯過任何成長的機會……，我們就是朝著這樣的目標撰寫本書。

　　另外，各章節之間還穿插了「App 老師專欄」，分享初學者與中階學習者都務必一讀的深度內容。雖然我們在專欄化身為 App 老師，不過內容不只關於 App 商務，還有關於整個行銷領域的優質知識。

　　倘若閱讀本書的各位讀者，能在持續擴大的 App 市場當個先行者，於現代這個智慧型手機的全盛期成為活躍的商業領袖，對我們而言沒有比這更開心的事了。那麼，接下來就請各位與我們一起學習 App 行銷吧！

2023 年 9 月
坂本達夫　內山 隆

Contents

序言

Chapter 1
製作智慧型手機App的意義

為什麼要投入App商務？ ……………………………………………… 16
　「App」的黎明之前 ……………………………………………… 16
　智慧型手機成了最貼近消費者的東西 ………………………………… 17
　為什麼非投入App商務不可？ ………………………………………… 22
　有時就算不是App也沒關係 …………………………………………… 23
　應根據策略做選擇 ………………………………………………………… 24

一定要先掌握的行銷基礎 ………………………………………………… 26
　行銷人的工作是什麼？ …………………………………………………… 26
　負責後半段「推廣」工作的「廣告宣傳部」 ………………………… 27
　行銷人的工作並非只是廣告宣傳或促銷 ……………………………… 28

App老師專欄①
　廣告代理商是做什麼的？ ………………………………………………… 30

Chapter 2
行銷邁入運用資料的時代

數位時代的行銷人所扮演的角色 ………………………………………… 34
　「成效衡量」的發達與運用 …………………………………………… 34
　終於能夠追蹤消費者行為 ………………………………………………… 35
　根據結果推動PDCA的手法一下子盛行起來 ………………………… 35
　①適應數位時代的心態 …………………………………………………… 37

②資料分析素養 ·· 37
　　③消費者的觀察力 ·· 38
　　④對廣告素材的造詣 ·· 38
　　⑤對產品或服務的承諾 ··· 39
　　⑥經營力 ··· 39
行銷漏斗與數位時代的行銷選擇 ·· 40
　　站在顧客的角度＝顧客旅程 ··· 40
　　企業階段性地設定推廣目的＝行銷漏斗 ···································· 41
　　依據目的將推廣最佳化 ·· 42
　　品牌型廣告與成效型廣告 ··· 42
　　什麼是搜尋廣告（關鍵字廣告）？ ·· 46
　　什麼是展示型廣告？ ··· 47
　　光是追求取得效率還不夠 ··· 48
　　媒體規劃與模擬 ·· 49
　　模擬的觀念 ·· 52

Chapter 3
正確地認識數位廣告

廣告聯播網的誕生與演進 ·· 56
　　知曉數位廣告歷史的意義 ··· 56
　　廣告聯播網的起點＝直接交易（純廣告） ·································· 57
　　廣告科技的登場＝廣告伺服器的誕生 ······································ 58
　　廣告科技的進步＝收集剩餘版位的廣告聯播網 ·························· 59
廣告交易平臺的誕生與演進 ·· 62
　　集結廣告聯播網的交易市場＝廣告交易平臺 ····························· 62
　　為什麼從CPC變更為CPM？ ··· 64

出價金額未最佳化的機制 ··· 66

以廣告價值最大化為目標的工具＝DSP與SSP ··························· 67

即時競價（RTB）·· 70

程序化廣告背後的概念與技術 ·· 73

支撐數位廣告的競價機制 ·· 73

以高價值的交易為目標＝私有廣告交易市場（PMP）··················· 74

標頭競價 ··· 75

Google 的案例 ·· 75

App 廣告的歷史與演進 ··· 78

知曉 App 廣告歷史的意義 ·· 78

App 行銷黎明期＝評論網站 ··· 79

為了商店排名而實施的行銷＝獎勵廣告（衝榜廣告）···················· 80

日本產廣告聯播網與測量工具的興盛 ··· 84

日本國內勢力的衰退與全球性參與者造成的寡占化 ·················· 87

全球性參與者的變遷 ··· 87

追蹤工具之定位的變化 ··· 88

加強廣告市場支配力的 Google 與 Meta ·· 88

以 AdMob 為例 ·· 91

Chapter 4
認識行銷指標

測量的相關概念 ··· 96

測量的 3 個基本步驟 ··· 96

「領先指標」與「落後指標」·· 98

1. 測量投入的預算之成效（計算顧客取得成本）···················· 102

計算 App 的每次安裝成本 ··· 102

2. 預測獲得的顧客所帶來的收益（LTV） ……………………………108
　　LTV 的計算方式 ……………………………108
　　①App 推出後已經過一段時間的情況 ……………………………109
　　②想根據推出初期或最新實績衡量近期 LTV 的情況 ……………………………111
　　③想在推出前模擬推算 LTV 的情況 ……………………………114

　App 老師專欄②
　　SaaS 模式所用之漂亮的 LTV 計算邏輯 ……………………………117

3. 驗證「收入」與「支出」的平衡（ROAS 與單位經濟） ……………………………121
　　ROAS 不是一天造成的 ……………………………121
　　該怎麼做才能提高廣告的成效？～從數字到策略～ ……………………………124

　App 老師專欄③
　　不老實的廣告素材 ……………………………128

Chapter 5
App行銷實踐篇 -獲得使用者-

給預算做最佳分配的思考程序 ……………………………134
　App 廣告的媒體規劃 ……………………………134
　應該在什麼樣的媒體或廣告聯播網刊登廣告？ ……………………………136

App 老師專欄④
　App 商店最佳化（ASO） ……………………………141

該如何分配各個媒體與廣告聯播網的預算？ ……………………………152
　1. 刊登的媒體或廣告聯播網的數量與機器學習的關聯性 ……………………………152
　2. 廣告操作背後的人事費用 ……………………………154
　3. 圍牆花園與開放網路 ……………………………157
　帶來高成效的科技巨擘 ……………………………157
　努力打破圍牆花園的企業們 ……………………………159

Contents

App 老師專欄⑤
應用程式安裝廣告的初期機器學習是靠什麼機制運作？ ……… 163

Chapter 6
App行銷實踐篇 -營利-

以 App 為起點的商業模式分類 …… 170
　免費App vs 付費App …… 170
　免費App 的收益模式 …… 171
　不要用「or」，而是用「and」來發想 …… 173
利用廣告讓 App 獲利的方法 …… 175
　廣告營利的3個重點 …… 175
　使用哪種格式的廣告？ …… 175
　要使用哪個廣告聯播網（主要的廣告聯播網）？ …… 185
組合數個廣告聯播網將收益性最大化 …… 187
　App 的廣告營利模式沿革 …… 187
　①只設定1個廣告聯播網的時代 …… 187
　②使用數個廣告聯播網，按比例分配流量的時代 …… 189
　③使用中介服務，按瀑布策略設定的時代 …… 190
　④使用瀑布策略時，給1個廣告聯播網設定
　　數個地板價的時代（多重呼叫） …… 193
　⑤透過App內競價同時呼叫各廣告聯播網的時代 …… 194

App 老師專欄⑥
為什麼廣告業者想搶占中介服務層？ …… 198

App 平臺的手續費 …… 201
　App 平臺龍頭——Apple 與 Google …… 201
　App Store 的指南 …… 202

Google Play 的指南 ··· 205

App 老師專欄 ⑦
規避平臺手續費的案例與《要塞英雄》的訴訟 ······················ 209

Chapter 7
App行銷實踐篇 -測量與操作-

測量與操作的觀念 ··· 216
　PDCA 是操作的核心 ··· 216
　操作是一種什麼樣的工作？ ·· 216
　PDCA 的「C」不易執行的 2 個原因 ····································· 218
　什麼是歸因？ ·· 220
　決定歸因的程序 ·· 221
　歸因分析的注意事項 ·· 221
　大原則是 Apple to Apple 的比較 ··· 224

靈活運用行動歸因工具 ··· 228
　什麼是行動歸因工具？ ··· 228
　行動歸因工具的選擇方法 ·· 229
　Apple 導入 ATT 架構 ··· 230
　SKAN 的課題 ·· 232
　更著重於使用者行為與互動的 App 內分析 ··························· 234
　可跨平臺分析網站與 App 的 Google Analytics for Firebase ··· 235
　促進業者與使用者之間溝通的「Repro」 ····························· 236
　顧客體驗平臺「KARTE」 ··· 237

App 老師專欄 ⑧
隱私權保護與第三方 Cookie ··· 240

App 老師專欄⑨
IDFA 問題 245

Chapter 8
產生詐欺、作弊廣告的「廣告詐欺」機制與對策

廣告詐欺的基礎與對策 252
　廣告詐欺是哪一點不對？ 252
　錢的問題 253
　妨礙企業做出正確的行銷決策 254
　廣告詐欺的類型 254
　　1. 機器人 255
　　2. 裝置農場（Device Farm） 256
　　3. 點擊氾濫（Click Flooding）／垃圾點擊（Click Spamming） 257
　　4. 安裝劫持 259

App 老師專欄⑩
「因為廣告聯播網效果不好，決定只續用電視廣告，
以及在 CPI 便宜的某媒體投放廣告」的危險狀態 262

識破廣告詐欺的方法 264
　運用檢測與防範工具 264
　廣告詐欺的個案研究 266

為什麼會發生廣告詐欺？ 269
　相關者①廣告主（推展 App 的商業公司） 269
　相關者②廣告代理商 270
　相關者③實行廣告詐欺的公司 272
　當事者全向惡靠攏的最壞情況 273

如何消滅廣告詐欺？ ……………………………………………………… 274

Chapter 9
邁向推廣與營利的未來

到頭來，產品出色才是最重要的 …………………………………………… 278
行銷人在開發階段應發揮的作用 …………………………………………… 279

App 老師專欄⑪
什麼是 AARRR 模型（海盜模型）？ ……………………………………… 285

邁向推廣與營利的未來
～成為對事業成長有貢獻的人～ …………………………………………… 289

結語
從行銷人到經營者～成為領導事業，以及組織的人～ …………………… 292

內文設計
淺井寬子

插畫
Matsumura Akihiro

Chapter

1

製作智慧型手機App 的意義

本書以運用智慧型手機應用程式
（以下簡稱App）的商務為主題。
不過在一開始，我們先來研究
智慧型手機在現代有多麼普及，
以及智慧型手機的App
對人們而言是什麼樣的存在。

為什麼要投入App商務?

為什麼App在商務上很重要呢?我們先重新研究一下,急速成長的智慧型手機市場與手機App的運用吧!

「App」的黎明之前

本書在日本出版於2023年,筆者認為這一年正好是個適合回顧2011～2020年這10年發展歲月的段落。在這邊先請各位與我們一起回顧一下往事。

在日本,iPhone最早是在2008年經由軟銀(SoftBank)發售;而Android手機最早是在2009年經由NTT docomo發售。當時日本正值功能型手機的全盛期,連「智慧型手機」這個名詞都還沒有出現,社會大眾對於擁有這種「能瀏覽電腦版網站」的裝置的人則是抱持著「有點宅」的印象。

另外還有個有趣的現象,受到各行動電信業者的電視廣告影響,不少日本民眾都有著「docomo是賣智慧型手機的,au是賣Android手機的,軟銀是賣iPhone手機的」這種印象。

伴隨著「Go Mobile」的口號

筆者進入Google(日本分公司)任職的2011年當時,Google正對日本的市場高呼「Go Mobile」的口號,非常賣力地建議企業「把網站調整成適合透過行動裝置瀏覽,並且製作成App吧」。不過反過來說,這

也代表當時的企業對行動領域還不夠積極，這個時代的「App」仍處於黎明之前。

這個時期只有一部分很早就投入數位領域的公司，抱著「看樣子還是要開發App比較好」的態度開始製作App。

順帶一提，筆者進入Google之前是在日本樂天任職，那時參與的最後一項專案，是規劃所屬部門的首個智慧型手機App。就這點而言，日本樂天可說是「對新的潮流較為敏銳」。如今看來或許很讓人難以置信，不過2011年仍是這樣的時代。

當時，如果用手上的智慧型手機開啟網頁瀏覽器，顯示出來的大多是文字很小看不清楚，超連結也很難按的電腦版網站。雖說要「對應行動裝置」，但並不是要人馬上「製作智慧型手機App」，而是先從「變更網站的畫面」進行「Go Mobile」。

智慧型手機成了最貼近消費者的東西

不過，之後智慧型手機越來越普及了，早在筆者撰寫本書的2023年以前，智慧型手機就已經成為了日本民眾幾乎人手一臺的通話裝置（圖1-01）。

圖 1-01　日本國內的行動電話出貨量變遷

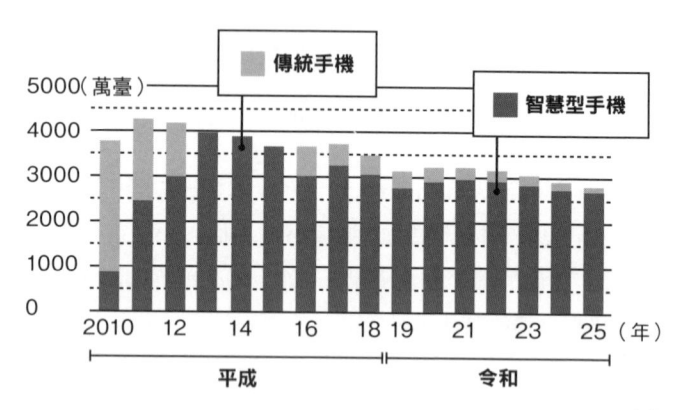

傳統手機
智慧型手機

平成　令和

※出處：MM 總研

　如圖1-02所示，日本的智慧型手機普及率已達到90%。現在，就連手機原本主要是用來打電話的爺爺奶奶這一代也都人手一機，智慧型手機成了越來越貼近人們的東西。

　筆者家也是如此，父母（60～70歲）就不用說了，孩子（小學生）也有智慧型手機，平時都用來互傳相片與訊息，或是玩遊戲等等，智慧型手機已是生活中不可或缺的一部分。

圖 1-02　資訊通訊機器的家庭持有率變遷

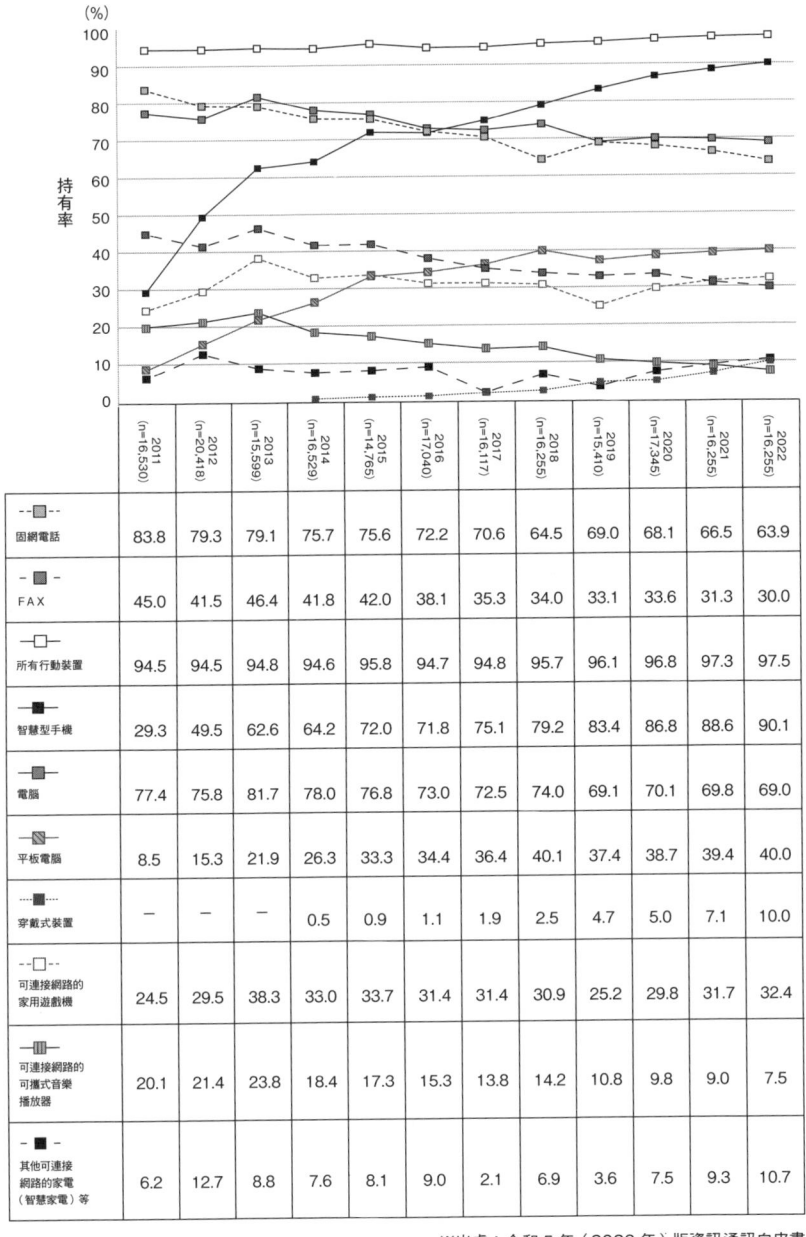

	2011 (n=16,530)	2012 (n=20,418)	2013 (n=15,599)	2014 (n=16,529)	2015 (n=14,765)	2016 (n=17,040)	2017 (n=16,117)	2018 (n=16,255)	2019 (n=15,410)	2020 (n=17,345)	2021 (n=16,255)	2022 (n=16,255)
固網電話	83.8	79.3	79.1	75.7	75.6	72.2	70.6	64.5	69.0	68.1	66.5	63.9
FAX	45.0	41.5	46.4	41.8	42.0	38.1	35.3	34.0	33.1	33.6	31.3	30.0
所有行動裝置	94.5	94.5	94.8	94.6	95.8	94.7	94.8	95.7	96.1	96.8	97.3	97.5
智慧型手機	29.3	49.5	62.6	64.2	72.0	71.8	75.1	79.2	83.4	86.8	88.6	90.1
電腦	77.4	75.8	81.7	78.0	76.8	73.0	72.5	74.0	69.1	70.1	69.8	69.0
平板電腦	8.5	15.3	21.9	26.3	33.3	34.4	36.4	40.1	37.4	38.7	39.4	40.0
穿戴式裝置	—	—	—	0.5	0.9	1.1	1.9	2.5	4.7	5.0	7.1	10.0
可連接網路的家用遊戲機	24.5	29.5	38.3	33.0	33.7	31.4	31.4	30.9	25.2	29.8	31.7	32.4
可連接網路的可攜式音樂播放器	20.1	21.4	23.8	18.4	17.3	15.3	13.6	14.2	10.8	9.8	9.0	7.5
其他可連接網路的家電（智慧家電）等	6.2	12.7	8.8	7.6	8.1	9.0	2.1	6.9	3.6	7.5	9.3	10.7

※出處：令和 5 年（2023 年）版資訊通訊白皮書

CHAPTER_1

接著來看接觸媒體的時間吧（圖1-03、圖1-04）。

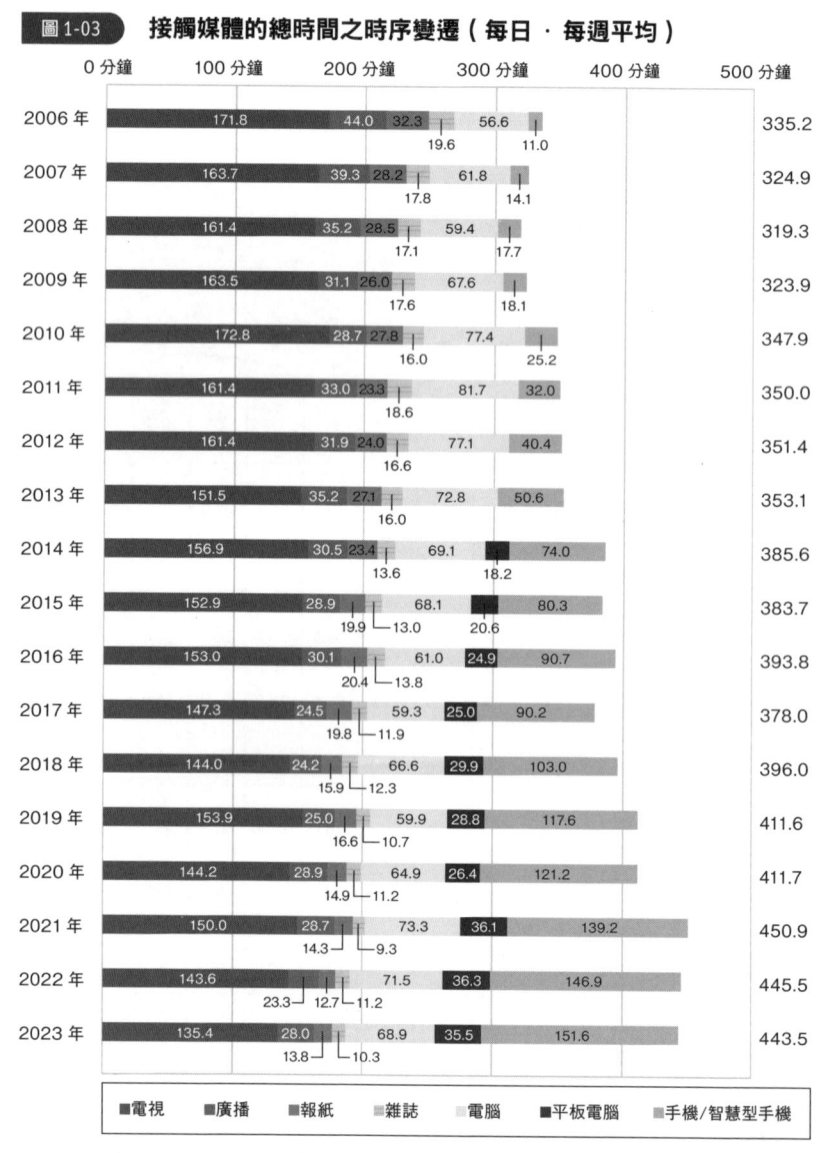

圖1-03　接觸媒體的總時間之時序變遷（每日‧每週平均）

年度	電視	廣播	報紙	雜誌	電腦	平板電腦	手機/智慧型手機	合計
2006年	171.8	44.0	32.3	19.6	56.6		11.0	335.2
2007年	163.7	39.3	28.2	17.8	61.8		14.1	324.9
2008年	161.4	35.2	28.5	17.1	59.4		17.7	319.3
2009年	163.5	31.1	26.0	17.6	67.6		18.1	323.9
2010年	172.8	28.7	27.8	16.0	77.4		25.2	347.9
2011年	161.4	33.0	23.3	18.6	81.7		32.0	350.0
2012年	161.4	31.9	24.0	16.6	77.1		40.4	351.4
2013年	151.5	35.2	27.1	16.0	72.8		50.6	353.1
2014年	156.9	30.5	23.4	13.6	69.1	18.2	74.0	385.6
2015年	152.9	28.9	19.9	13.0	68.1	20.6	80.3	383.7
2016年	153.0	30.1	20.4	13.8	61.0	24.9	90.7	393.8
2017年	147.3	24.5	19.8	11.9	59.3	25.0	90.2	378.0
2018年	144.0	24.2	15.9	12.3	66.6	29.9	103.0	396.0
2019年	153.9	25.0	16.6	10.7	59.9	28.8	117.6	411.6
2020年	144.2	28.9	14.9	11.2	64.9	26.4	121.2	411.7
2021年	150.0	28.7	14.3	9.3	73.3	36.1	139.2	450.9
2022年	143.6	23.3	12.7	11.2	71.5	36.3	146.9	445.5
2023年	135.4	28.0	13.8	10.3	68.9	35.5	151.6	443.5

■電視　■廣播　■報紙　■雜誌　■電腦　■平板電腦　■手機/智慧型手機

※出處：博報堂DY Media Partners 媒體環境研究所「2023年媒體定點調查」
（自2021年起調查改在東京與大阪兩地實施）

製作智慧型手機App的意義

圖 1-04 接觸媒體的總時間構成比之時序變遷（每日・每週平均）

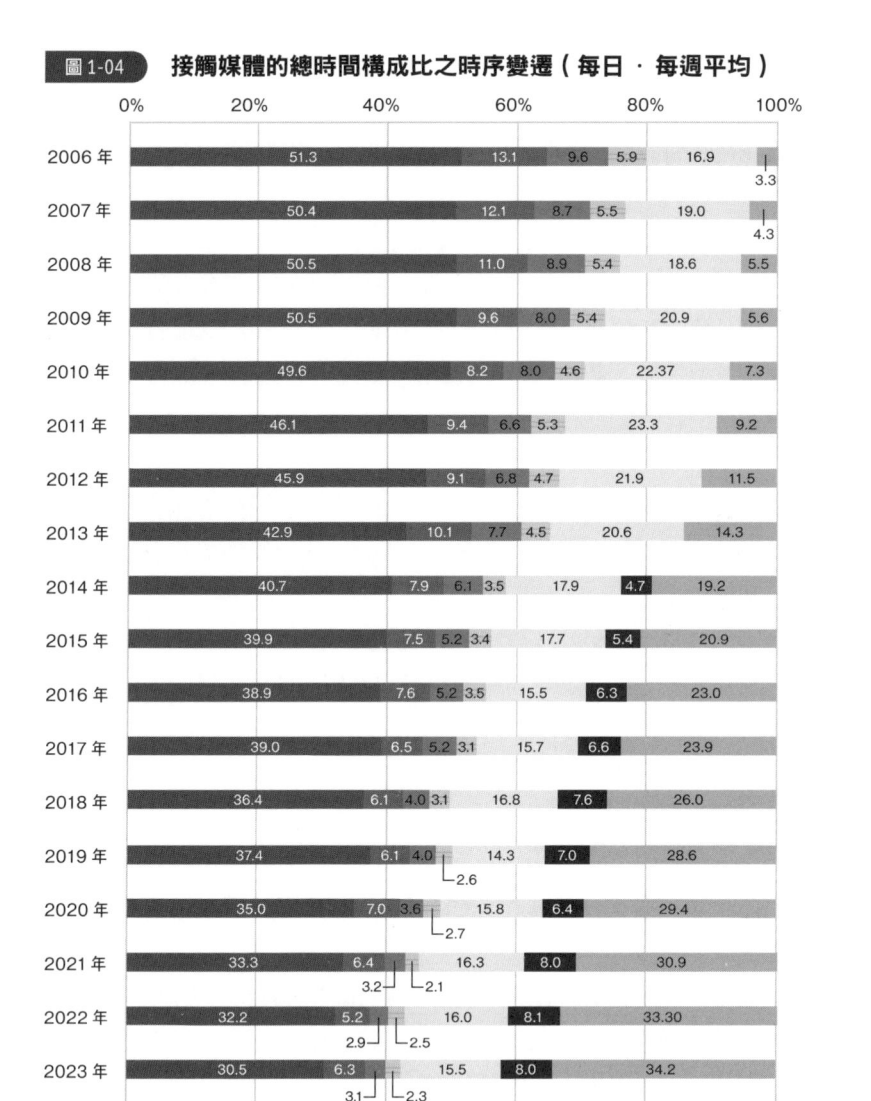

年	電視	廣播	報紙	雜誌	電腦	平板電腦	手機/智慧型手機
2006年	51.3	13.1	9.6	5.9	16.9		3.3
2007年	50.4	12.1	8.7	5.5	19.0		4.3
2008年	50.5	11.0	8.9	5.4	18.6		5.5
2009年	50.5	9.6	8.0	5.4	20.9		5.6
2010年	49.6	8.2	8.0	4.6	22.37		7.3
2011年	46.1	9.4	6.6	5.3	23.3		9.2
2012年	45.9	9.1	6.8	4.7	21.9		11.5
2013年	42.9	10.1	7.7	4.5	20.6		14.3
2014年	40.7	7.9	6.1	3.5	17.9	4.7	19.2
2015年	39.9	7.5	5.2	3.4	17.7	5.4	20.9
2016年	38.9	7.6	5.2	3.5	15.5	6.3	23.0
2017年	39.0	6.5	5.2	3.1	15.7	6.6	23.9
2018年	36.4	6.1	4.0	3.1	16.8	7.6	26.0
2019年	37.4	6.1	4.0	2.6	14.3	7.0	28.6
2020年	35.0	7.0	3.6	2.7	15.8	6.4	29.4
2021年	33.3	6.4	3.2	2.1	16.3	8.0	30.9
2022年	32.2	5.2	2.9	2.5	16.0	8.1	33.30
2023年	30.5	6.3	3.1	2.3	15.5	8.0	34.2

※出處：博報堂DY Media Partners 媒體環境研究所「2023年媒體定點調查」
（自2021年起調查改在東京與大阪兩地實施）

2023年，在日本的所有媒體當中，手機跟智慧型手機的總接觸時間是151分鐘，超過了電視的總接觸時間（每週平均135分鐘），不僅成為日本人花費時間最長的媒體，透過行動裝置進行的消費行為也集中在智慧型手機上。

自2010年代前半期起，海外公司（主要為當時的新創公司）就已開始提供高品質的智慧型手機App。舉例來說，Airbnb成功透過App打造方便在智慧型手機上瀏覽、使用的使用者體驗，一舉成為向全球提供「出租民宿」這個新價值的公司。

當時日本企業製作的智慧型手機App，有不少只是具備顯示該企業網站的功能而已（因為只有外殼是原生App，所以又被稱為帶有負面涵義的「套殼App」）。

筆者記得當時Google日本分公司的內部人士也曾經表示，希望日本企業能夠多製作一些更適應智慧型手機且使用者體驗良好的App，或是以App為起點的服務。

為什麼非投入App商務不可？

日本民眾花費在行動裝置上的時間，同樣也是使用App要多過於瀏覽網頁。

請看圖1-05，在使用者操作裝置的時間當中，有8成以上的時間是花費在App上，花在網頁（使用裝置內的Chrome或是Safari等瀏覽器）上的時間卻是不到2成。正在閱讀本書的各位讀者，實際上應該也有這種感覺吧。

圖 1-05　智慧型手機1天的平均使用時間（2018年12月）

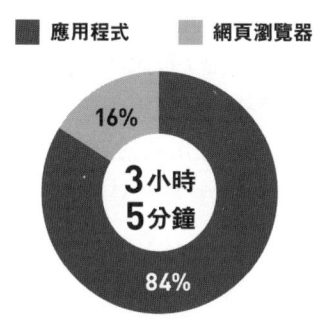

■ 應用程式　　■ 網頁瀏覽器

16%
3小時5分鐘
84%

・調查對象為18歲以上的男女
・應用程式及瀏覽器的使用時間，採基於類別的使用時間

※出處：Nielsen Mobile NetView

有時就算不是App也沒關係

時常有人諮詢筆者：「我想把網站、網路服務製作成智慧型手機App。」這時我通常會建議對方，不要急著研究設計等問題，應該先重新考慮一次：「這真的非製作成App不可嗎？」

App有個特徵，就是當使用者下載後，App的圖示會留在裝置的桌面（主畫面）上。因此，如果是會一再使用的特定服務，製作成App就會比較方便。這從服務提供者的角度來看則有這個好處：使用者下載App之後，會比較容易經常使用該服務。

反過來說，不製作App的話，即使有使用者喜歡該服務並且「想要經常使用」，也很難讓那些人持續地使用下去。

不過，基於想節省手機容量、不希望桌面亂七八糟等理由，使用者並不是任何App都願意下載。尤其是「只用一次／偶爾才使用」的服務，就不會特地去下載App，而是透過網頁瀏覽器使用的使用者反而會比較多吧。

因此**對服務提供者而言，打造使用者「想要經常使用」的服務，可說是製作App的前提**。換言之，必須是使用者使用頻率很高的服務，或是「只能透過App實現理想的使用者體驗」才適合製作成App。如果使用者並不會頻繁地使用該服務，就沒有必要一定得製作成App才行。

而且從另一個角度來看，採用網站呈現的話有Google或Yahoo!等搜尋引擎作為入口，因此服務會比較容易被使用者發現。

應根據策略做選擇

製作App時，必須在開發之前先考慮「使用者是如何注意到這款App的？」否則有可能發生「開發完成但沒有人發現」、「沒有人使用」之類的情況。

這裡想表達的是，網站的優勢是容易被使用者發現，App的優勢則是容易與使用者建立頻繁且長期的互動；網站適合生客，App適合常客，這樣說比較好理解吧。

另外，在商業上更重要的是，要針對智慧型手機等行動裝置的使用者，最大化自家公司整體服務的使用者人數、使用時間、銷售額等事業指標。關於「要採用網站還是App」這個問題，基本上也應該根據事業策略來做選擇。

> 參考
>
> **達夫的房間：想將網路媒體轉為App時最好要先知道的幾件事**
> http://www.tatsuojapan.com/2018/04/webvsApp.html
>
> **達夫的房間：App與網站的奇妙愛情故事**
> http://www.tatsuojapan.com/2014/07/blog-post.html

來談談非遊戲類App的行銷吧

https://irnote.com/n/n5c6737002133

POINT

◉ 日本的智慧型手機普及率超過9成,逐漸成為最貼近消費者的媒體。

◉ 人在使用智慧型手機時,有8成的時間花在App上。

◉ 要採用容易被使用者發現的網站,還是用容易與使用者維繫關係的App,應根據事業策略來做選擇。

一定要先掌握的行銷基礎

本書是App的「行銷教科書」。不過,「行銷」是一個解釋因人而異、定義非常廣的名詞。在進入正題之前,先來談談筆者對「行銷」一詞的理解,以及本書特別想介紹的領域。

行銷人的工作是什麼?

首先,請容筆者提出一個籠統的問題。

「什麼是行銷?」

美國是企業管理學的發源地,而美國的行銷協會在2007年針對行銷一詞做出了以下定義。

「行銷是創造、溝通、傳遞與交換對消費者、客戶、合作夥伴與社會大眾具有價值的提供物的一種活動、制度與過程。」

(引述自慶應義塾大學高橋郁夫譯文)

該定義不僅含有「價值」與「溝通」等關鍵字,還包含了「創造」、「傳遞」、「交換」等作業,這點令筆者覺得很有意思。

接著介紹日本行銷協會於1990年做出的定義。

「行銷是為開創市場而進行的綜合活動,企業與其他組織須站在國際

觀點，取得與顧客間的相互理解，並進行公平的競爭。」

在此定義中，行銷之目的是「創造市場」，內容則是「綜合活動」。因此可以說，這裡的重點就是「不單純只把『廣告宣傳』與『價值傳遞』等狹隘領域的活動稱為行銷」吧。

最後，筆者就引用行銷權威菲利普・科特勒（Philip Kotler）的定義吧。

「行銷是個人或群體，經由生產並與他人交換產品與價值，滿足其需求或欲望的一種社會性與管理性之過程。」

（引述自《Marketing: An Introduction》恩藏直人譯文）

筆者將上述解釋綜合整理後，重新做出以下定義。

行銷是「公司或組織」「經由創造產品、價值、市場」，並「與他人交換」來「滿足需求或欲望」的「制度與過程」。

不過這樣一想，行銷要負責的領域，好像比一般企業的「行銷部」職務分掌還要廣呢？這樣不就幾乎等於經營整個產品或服務，有必要的話甚至要經營整家公司嗎？

因此，若說「行銷力＝經營力」（更正確地說，是對經營力影響甚鉅的因子），似乎一點也不為過。

負責後半段「推廣」工作的「廣告宣傳部」

不過，一般說到「行銷部」這個關鍵字，大家會覺得是負責什麼職務的工作呢？

「負責調查品牌形象、打廣告、擬定促銷策略的工作。」

也許有人抱持這樣的印象。的確，日本企業內負責所謂行銷活動的，原本就以「廣告宣傳部」居多。

大家普遍會有這種印象，可能是因為日本企業本來就擅長製造，尤其從高度經濟成長期開始更是如此，而且企業通常是「製作好東西」然後接著「販售」。所以，對行銷部門的期待才會只限於「製造」程序之後的「販售」。

另外，知名的創意總監或文案寫手的工作經常被大肆報導，可能也是影響大眾印象的因素之一。

行銷人的工作並非只是廣告宣傳或促銷

不過，筆者認為行銷人的工作，未必只是「在產品或服務製作完成『後』想出許多銷售方法並付諸實行」，還必須將心力投注在「要針對誰，製作什麼樣的物品或服務，價格要訂多少，要如何送到對象的手中」這一連串的程序，並且進行調查、企劃、驗證才行。也就是所謂的「行銷4P」框架。

可惜，本書篇幅有限，無法詳細談論產品與服務的管理及經營，何況大多數的讀者都是想看更著重於智慧型手機App的內容才拿起這本書的吧。

雖然開場白很長，總之本書是以App（或以App為起點的事業）能夠在市場上推出為前提，希望能針對「要如何將App送到智慧型手機使用者的手上」這一點，傳授相關的知識給各位。

請各位在閱讀本書時一定要記得，行銷人的工作並非只是廣告宣傳或促銷。

POINT

- 行銷並非單指「廣告宣傳」與「價值傳遞」之類的狹隘領域。
- 負責行銷的「行銷人」，本來就應該參與「要針對誰，製作什麼樣的物品或服務，價格要訂多少，要如何送達」這一連串的程序。

App老師專欄①

廣告代理商
是做什麼的？

日本的行銷領域特有的商業環境

談到日本的廣告或行銷時,絕對少不了「廣告代理商」這個市場參與者。

筆者在外資企業工作多年,每次要向總公司說明日本市場的特徵時,常常得煞費苦心讓對方了解電通、博報堂、CyberAgent等廣告代理商在業界的地位、資本關係,以及與他們協作或合作的重要性。

舉例來說,美國或歐洲的App企業,其運用廣告活動的主體多半都是商業公司本身(即所謂的「自操」),在日本則是大多會委託廣告代理商代操。

另外,有關行銷的決策,日本的廣告代理商也具有很大的影響力,有時更是訂立策略的成員之一。

廣泛且深入地支援行銷的存在

以電通、博報堂、CyberAgent為代表的廣告代理商,其服務線範疇非常廣大。

如同字面上的意思,廣告代理商最早期的業務,就是採購廣告媒體再販售、操作的「代理業」,不過日本也有不少被稱為「綜合廣告代理

商」的大型參與者,是從上游參與討論如何企劃、如何販售產品或服務。他們就像這樣,廣泛且深入地支援日本企業的行銷。

　　歐美的廣告代理商為了保護客戶資訊,避免外洩給客戶的競爭對手,而有「1個業種只能接1家公司的案子」這種規定。
　　舉例來說,假如A廣告代理商負責的客戶是豐田汽車,他們就不會再接其他汽車製造商的案子,所以本田(本田技研工業)的案子就會由另一家B廣告代理商負責。

　　但是在日本,廣告代理商內部固然有資訊管理機制,仍會同時受理數家同行企業的案子。不過也因為如此,從過去到現在,各個產業的知識、消費者資料與行銷經驗豐富的人才都很容易匯聚到廣告代理商。

　　廣告代理商本身也努力展開多角化經營,除了代理業與推廣外,有些還會在內部建立組織蒐集消費者資料以挖掘洞見,或是培養可向企業提供諮詢服務的人才,又或是建立運動等娛樂內容相關業務體系。

　　前面的正文提到,日本企業的行銷,從前大多是由廣告宣傳部負責。這可能是因為廣告代理商具備的功能很強,所以必須跟他們合作實施行銷才行,而這種慣例也反映在部門的名稱上。

Chapter

2

行銷邁入
運用資料的時代

「資料是21世紀的石油。」
——最近的商業類書籍常看到這句話,
行銷的型態也確實因為
資料成為重要資源而隨之進化。
本章除了介紹行銷的基本程序,
也會探討企業與行銷人
應具備的觀點與能力。

數位時代的行銷人所扮演的角色

Chapter 1 概略介紹了行銷一詞所包含的眾多程序,以及筆者所下的定義。接下來,筆者想根據現代行銷中格外進步的部分,談一談數位時代不可或缺的行銷作用。

「成效衡量」的發達與運用

Chapter 1 提到「行銷活動不只是廣告宣傳活動而已」。不過,廣告宣傳活動對行銷人而言確實是很重要的活動。

廣告宣傳活動一般會經過以下的循環程序。即使在現在這應該也是很普遍的流程。

廣告宣傳活動的流程
確定預算
↓
媒體規劃
↓
投入廣告或促銷資源
↓
成效衡量

其中,因數位科技發達而大幅進步的項目就是「成效衡量」。

終於能夠追蹤消費者行為

本來，如果是僅投放電視廣告等大眾媒體廣告之廣告宣傳活動，原則上是無法觀察活動與消費的直接關聯性，也就是無法得知哪個消費者因為廣告而採取了什麼樣的購買行為。因此當時普遍認為，即使能夠觀察投放多少廣告會對整體帶來多少影響（認知度、好感度、銷量等的變化），也很難測量更加詳細的資料。

不過數位廣告登場後，終於能夠追蹤「特定廣告的結果」，也就是消費者行為（例如購買）了。

對企業的廣告策略來說，這是一種革新的進步。因為過去的觀念是「依照預算刊登這麼多的廣告」，如今能夠「反推」評估「若要獲得這麼多的消費者，就必須刊登這麼多的廣告」。

根據結果推動PDCA的手法一下子盛行起來

除此之外，因為「這個媒體或廣告素材的效果很好／不好，所以再增加／減少刊登」這種推動PDCA的手法，在數位廣告界一下子盛行起來，能夠這樣操作的媒體也大受歡迎。這個觀念，如今也開始蔓延到Novasell與Telecy等廣告商經手的大眾媒體廣告上。

圖 2-01　數位廣告才能實現的反推思維

從前的廣告觀念

過去的觀念是
「依照預算刊登
這麼多的廣告」

預算
＝
廣告（CM）

原則上無法觀察直接關聯性，也就是無法得知消費者是否真的購買。頂多只能測量投放了多少廣告、廣告接觸到多少消費者

數位廣告登場

終於能夠追蹤
投放廣告的「結果」，
也就是「購買」這項
消費者行為的變化

投放廣告
結果
購買

能夠「反推」評估「若要獲得這麼多的消費者，就必須刊登這麼多的廣告」

這也可以說與 Chapter 1 的內容有關，因負責廣告宣傳活動的行銷人能夠取得投放廣告所引起之消費者行為變化與反應的資料，如此一來就能將資料回饋到產品或服務上，促進事業成長，事業基礎也就越來越穩固。

因此可以說，現在這個時代，行銷的核心人物必須是既懂廣告宣傳活動的操作（推動 PDCA 循環），還能從其資料中發掘洞見的人才吧。

那麼，企業應該錄用什麼樣的人才擔任行銷的核心人物呢？雖然這是筆者個人的見解，不過與各式各樣的行銷人討論後，筆者認為徵才時至

少應評估以下幾點。

①適應數位時代的心態

既然這個項目列在第一點,可見這是最重要的人才條件。

數位時代下,技術或媒體的趨勢瞬息萬變,整個業界的手法或勢力版圖大洗牌也不是什麼罕見的情況。因此筆者認為,「①能夠跟上變化」與「②不排斥科技」是不可或缺的具體條件。

舉例來說,Cookie是網路廣告非常重要的技術,但是現階段有關此技術的業界動向卻天天都有變化(關於Cookie,筆者會在「App老師專欄⑧隱私權保護與第三方Cookie」詳細解說)。

如果不能迅速掌握這類趨勢,就像是放棄思考而只會用傳統的做法去迎戰。這樣一來自然無法獲得行銷成效,因而落後競爭對手吧。

②資料分析素養

前面提到,隨著科技的發展,行銷的成效衡量有了飛躍的進步。也因為如此,成效衡量的「設計」有了優劣之分。

成效衡量的「設計」包含了「為了什麼目的」、「用什麼手段蒐集資料」、「如何加工資料」、「如何分析資料」、「從中發掘出什麼洞見」等,讓這一連串的程序順利運作是很重要的,可分成以下2個部分。

a.資料蒐集的設計

決定分析之目的後,就能設計要如何蒐集適切的資料。這個部分需要學過統計,能夠正確理解資料意義的人才。

b.資料分析的品質

這個部分需要能加工資料,然後自行分析以瞭解消費者的行為或心

理（業界大多稱為「洞見」）的人才。

③消費者的觀察力

如果說前述的資料分析是定量分析素養，那麼觀察力可以說是定性分析素養吧。行銷活動並非只在上班時間於辦公室工作時進行。

好比說上街購物時、上網瀏覽網站時、跟朋友或熟人交談時⋯⋯能否從一名消費者的角度發現「現在講求的是這種東西」、「這種消費者行為可能已成為趨勢」，同樣可以說是行銷人不可缺少的非常重要之條件。

鍛鍊這種觀察力、隨時隨地蒐集資訊乍看很簡單，但不見得每個人都能做得很好，因此這可算是一種十分寶貴的技能。

④對廣告素材的造詣

行銷活動的起點，是先讓消費者知道產品或服務。據說人接收到的資訊有8成是視覺資訊，而當我們要傳達產品或服務的資訊（尤其是視覺資訊）時，使用的就是「廣告素材」。

廣告本來就是企業「想給人看」的東西，並非消費者「想看」的東西。行銷人有必要瞭解，什麼樣的東西才會有人願意看、看到什麼東西才會改變認知或行為。就算自己不負責設計也要能夠指揮設計，這一點非常重要。

這點跟「③消費者的觀察力」有關，例如最近幾年「直式影片」爆紅成為主流，使用者每天接觸的媒體、內容的格式或風格也是天天都在改變。如果沒掌握到這種趨勢變化，就很難進行有效的推廣。

另外，數位廣告能夠立即看到各個廣告素材的成果。因此，只要能夠迅速分析廣告素材的好壞，快速推動PDCA循環進行許多改善行動，就能夠突飛猛進獲得很高的成效。

⑤對產品或服務的承諾

　　筆者在上一章「行銷人的工作是什麼」一節中也說明過，本來「行銷」應當等於「經營」，因此「為了消費者將產品或服務變得更好」的心態與技能同樣是不可或缺的。尤其對於CMO（行銷長）或行銷負責人等，在組織內部職位層級較高的行銷人而言，這是必備的人才條件。

　　不光是思考已製作完成的產品或服務「要如何送到消費者手上」，還能夠蒐集消費者的意見，並針對「如何才能讓產品或服務變得更好、讓消費者更願意使用」而採取對策的行銷人是很寶貴的人才。

⑥經營力

　　當「行銷＝經營」時，如何分配「人、物、錢、資訊」等資源，才能讓事業持續成長呢？能否具備這種經營的心態與實際經驗，在職涯上也是一道很大的分水嶺。

　　舉例來說，認為「沒有預算，所以無法按自己所想的進行推廣」的人，只能在獲得的資源範圍內行動。如果能以經營者的觀點，思考該怎麼做才能獲得更多的資源，然後採取「試算推廣的ROI（投資報酬率）自己進行簡報」之類的行動，就能夠締造更大的成果，自己也會覺得很開心（不過，責任也會跟著增加就是了）。

POINT

- 現代的行銷，因科技的運用與成效衡量的發達，使得從成果反推回去的思維變得很重要。
- 行銷人不只要具備消費者的觀察力，以及對廣告素材的造詣，也應當參與以資料分析為依據的經營與產品開發。

行銷漏斗與數位時代的行銷選擇

本節要解說的是,閱讀本書時以及實際工作時,最好要先掌握的行銷理論與廣告宣傳活動的類型。

站在顧客的角度＝顧客旅程

消費者從遇見產品或服務、決定購買,到繼續使用、購買的這段過程,其實經過了許多階段。這段過程稱之為「顧客旅程（Customer Journey）」。

瞭解各個階段與顧客當時的心情,將之反映在產品或服務的企劃、開發或推廣上,正是這項理論之目的及使用方法。

基本上重點不是記住這個術語,而是**能否以顧客觀點去檢視各個階段與行為。更正確地說,具備「在企業與顧客建立關係的過程中,哪個地方有什麼樣的陷阱」**,這種觀點是很重要的。

以智慧型手機App為例,最初的顧客接觸點有許多種類,例如周遭熟人的推薦、在電視上看到節目等媒體的介紹、大眾媒體廣告等等各式各樣的契機。

知道該款App的使用者未必會立刻下載,在一般的情況下應該都是先與其他同類型的App進行比較與評估,然後再到網路上或App商店搜尋下載吧。

因此各位App行銷人,只實施讓許多人認識App的活動是不夠的,還必須針對各個階段採取不同的措施,例如傳遞比較與評估時所需的資

訊、設法讓App顯示在搜尋結果的前排等等。

另外，在「顧客旅程」一詞出現之前，行銷領域還有「AIDMA」與「AISAS」等等的框架。這些框架也是一種用來瞭解使用者行為與心理的概念。

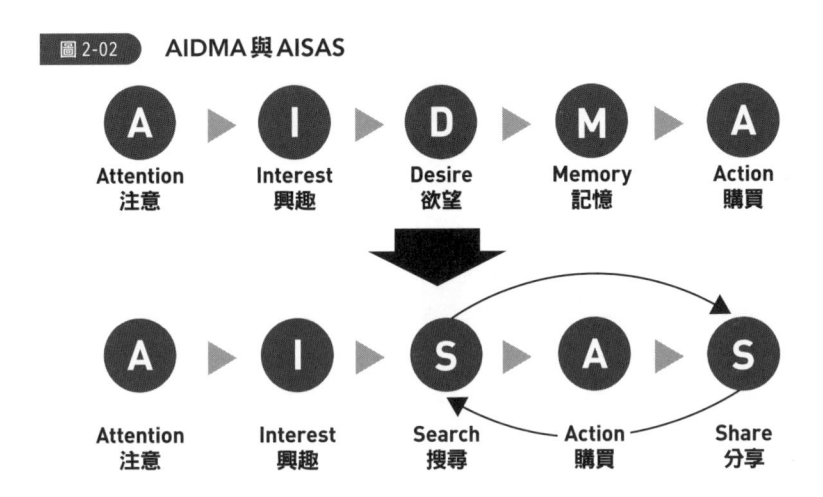

圖 2-02 AIDMA 與 AISAS

A Attention 注意 ▶ I Interest 興趣 ▶ D Desire 欲望 ▶ M Memory 記憶 ▶ A Action 購買

A Attention 注意 ▶ I Interest 興趣 ▶ S Search 搜尋 ▶ A Action 購買 ▶ S Share 分享

企業階段性地設定推廣目的＝行銷漏斗

行銷漏斗（Marketing Funnel）這個概念，是將接觸消費者的過程比擬成一個上寬下窄的漏斗模型。

請看次頁的圖2-03。即便有許多人「認知」到某個產品或服務，但實際「購買」的人一定比前者還要少。這張圖即是呈現，從消費者第一次接觸產品或是服務的階段開始，一直到最終決定購買為止人數逐漸減少的情形。

如果說顧客旅程是站在顧客角度的概念，那麼行銷漏斗或許可說是站在企業角度的概念。

图 2-03　行銷漏斗

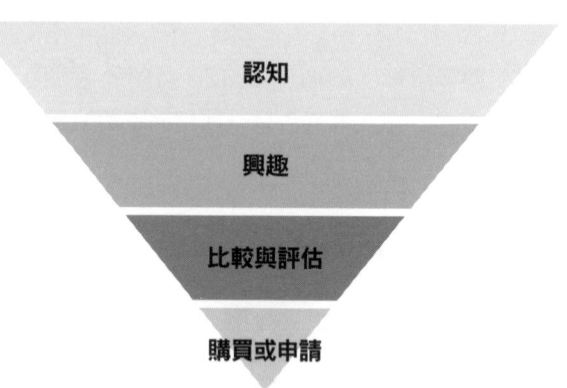

認知

興趣

比較與評估

購買或申請

依據目的將推廣最佳化

行銷漏斗為什麼重要呢？這是因為，接觸潛在顧客的方法（例如推廣的種類）在各個階段都不相同。

以最上層為例，當企業必須增加「認知」到產品或服務的人時，使用Google之類的搜尋廣告的效果並不好。原因在於，認識該產品或服務的人很少，即代表想搜尋該產品或服務名稱的人也不多，或是以類別名稱（例如「地圖 App」）搜尋時，願意選擇自家服務的可能性很低。如此一來廣告也不會發揮成效吧。

反之，最下層是已經「認知」到產品或服務，並且進行過「比較與評估」的人，因此比起播放不斷呼喊服務名稱的電視廣告，投放能促使人直接行動的數位廣告或許更加適合。此外，前述的搜尋廣告，以及再次觸及曾造訪網站者的「再行銷廣告」等應該也都有效果。

總之若要依據目的將推廣最佳化，同樣得先瞭解行銷漏斗才行。

品牌型廣告與成效型廣告

探討行銷漏斗時，通常會將主要用來引起「認知」、「興趣」的廣告稱為「品牌型廣告」；至於直接導向「評估」、「購買或申請」等行動的廣

告則稱為「成效型廣告」。前者的階段又稱為「認知（廣告）」或漏斗頂層（Upper Funnel），後者則為「收割」或漏斗下層（Lower Funnel）。

說到品牌型廣告的代表例子，當然就是電視廣告這類在大眾媒體（電視、報紙、雜誌、廣播等）上刊登的廣告。

至於成效型廣告的代表例子，大部分數位廣告都屬於這個類型吧。過去日本也有很長一段時間，直接用大眾媒體廣告與數位廣告這2個名詞來區分品牌型廣告與成效型廣告。

圖 2-04　**品牌型廣告與成效型廣告**

品牌型廣告	成效型廣告
電視廣告之類在大眾媒體（電視、報紙、雜誌、廣播等）上刊登的廣告	所有數位廣告

將數位廣告的手法應用在大眾媒體廣告上的趨勢

不過，近年的環境越來越難簡單稱「品牌型＝大眾媒體」、「成效型＝數位」了。這是因為用數位廣告打品牌型廣告，或是將成效型廣告的觀念應用到大眾媒體廣告的服務變多了。

例如以下的廣告媒體，就是具代表性的「品牌型 × 數位廣告」。這些廣告媒體都能像電視廣告一樣，在使用者的螢幕上播放一段時間的影片等豐富內容（Rich Content）。

CHAPTER_2

｜YouTube TrueView

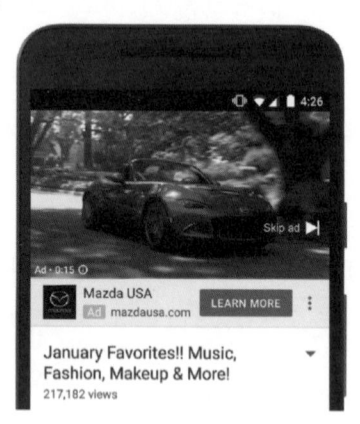

｜Instagram

｜X（舊稱Twitter）

另外，最近幾年也開始盛行用成效型廣告的模式，「操作」電視廣告這個具代表性的大眾媒體廣告。

▎Novasell（網路服務公司 Raksul 之子公司）

```
1 ── 企劃
調查は無料
定量調查・N1分析や
WEB広告検証を基に戦
略・訴求を策定

2 ── 制作
提案は無料
検証したコンセプトを
ベースに安価に複数の
クリエイティブを制作

廣告效果の可視化で
事業成長を支援
運用型
テレビCM

4 ── 分析
独自ツール
クラウド型テレビCM効
果測定ツールでCMの効
果を可視化し素材×番組
の勝ち筋を検証

3 ── 放映
独自メソッド
最低1エリア30本を番
組指定で放映しテレビ
CMの検証が可能
```

▎Telecy（網路代理公司 VOYAGE GROUP 與電通的共同事業）

```
テレビCMの効果を、ネット広告で馴染みのあるCPM/CPA/CPIといった指標で把握し、
日本最大級のテレビCMデータを活用したAIで自動最適化。
今までの常識を覆す運用型テレビマーケティングを実現します。

テレビCMに革命を
TELECY
テレシー
```

品牌型廣告過去都是以預約型方式來販售。以電視廣告來說，就是利用 GRP（Gross Rating Point，總收視點，指一段期間內每個廣告檔次收視率的總和）這種「有多少人看過」的指標來進行管理。

前述由網路起家的Novasell與Telecy等公司之廣告服務，則與這種做法截然不同。

他們將數位廣告以往所用的觀念帶入電視廣告，讓人能夠看到更直接的電視廣告成果，例如特定關鍵字的搜尋次數、網站流量、獲得的顧客人數及顧客取得成本等。因此，過去不易實現之更精準的成效衡量，或是改善廣告素材、調整電視廣告時段等「操作」的概念，也能夠應用在電視廣告上了。

總之，可用數位廣告呈現的世界觀，以及測量大眾媒體廣告成果的方式都有了改變，今後這種用大眾媒體廣告打成效型廣告，或是用數位廣告打品牌型廣告的情形應該會越來越常見。

隨著這種趨勢的發展，行銷人必須具備的知識可以說也變得更加廣泛、更加包山包海吧。

什麼是搜尋廣告（關鍵字廣告）？

搜尋廣告顧名思義，就是「在使用者搜尋特定的關鍵字時顯示的廣告」。最有名的例子就是Google Ads（舊稱Google AdWords）的搜尋廣告。

運用搜尋廣告時，最重要的戰術就是評估「對於什麼樣的關鍵字要以多高的積極度出價」。關鍵字也可大致分成3種。

第1種是自家公司的服務名稱（商標名稱）與公司名稱等專有名詞，通常稱為「指名關鍵字」或「品牌關鍵字」。

第2種是與自家公司競爭的類似服務名稱或是公司名稱等名詞，通常稱為「競品關鍵字」，使用這種關鍵字刊登廣告也是很常見的情況。某些業界對於競品關鍵字訂有君子協定，因此使用時必須留意所屬業界這方面的規定。

第3種是「一般關鍵字」。跟指名關鍵字相反，故通常又稱為「非指

名關鍵字」。使用者在搜尋時，如果尚未決定使用特定的服務，就會用一般關鍵字進行搜尋。

以隨選視訊App為例。如果使用者是用「Netflix」這個服務名稱（品牌關鍵字）進行搜尋，就能推測他很有「來看Netflix吧」、「來調查一下Netflix吧」這類意圖。

如果使用者是用「隨選視訊」或「影片App」等關鍵字進行搜尋，則可推測他正處於先調查同類型的服務，比較過幾種後再決定要使用哪一款App的階段。

因此，用一般關鍵字獲得使用者是有價值的，刊登搜尋廣告時花費的取得成本也幾乎都是一般關鍵字高於品牌關鍵字。

圖 2-05　關鍵字搜尋與搜尋廣告

哪款影視App 好呢？

來調查看看Netflix 吧！

搜尋 Netflix 後出現了別款 App 的廣告！

什麼是展示型廣告？

展示型廣告是指，在網站或App的廣告版位上顯示Banner（圖片素材）的廣告。最有名的例子同樣是Google提供的Google Display Network（GDN，Google多媒體廣告聯播網）吧。Google針對媒體公

司推出Google AdSense與Google Ad Exchange這類廣告產品，因而獲得了許多展示版位。

近年除了圖片廣告外，影片廣告與可試玩廣告（使用者可進行互動式操作的廣告）等提供更豐富體驗的展示型廣告也變多了。

相較於使用者主動調查服務的搜尋廣告（又可稱為「拉式」廣告），展示型廣告可以算是用來讓興趣還不怎麼高的使用者認識服務的「推式」廣告。

不過，如果是促進曾造訪過網站或是曾使用過服務的使用者，再度造訪網站或購買服務的「再行銷（再互動／再參與式）廣告」，使用在漏斗下層更能發揮效果。總而言之，展示型廣告是一種可用於各種目的之廣告格式。

光是追求取得效率還不夠

關於搜尋廣告與展示型廣告，偶爾會看到這樣的狀況：只有刊登搜尋廣告，至於展示型廣告或社群媒體廣告則是因為顧客取得成本很高而不使用。

另外，搜尋廣告也不時看得到這種情況：因為不希望成本飆升而避免使用較多使用者搜尋的「一般關鍵字」（廣告業界有時稱之為「大關鍵字」），只買自家公司名稱與服務名稱等品牌關鍵字，或是比較冷門的一般關鍵字。

我們當然可以理解，必須針對取得效率目標而進行調整的心情。但是，只靠搜尋廣告的指名關鍵字來獲得使用者的話，就只會取得「顯在客層」而已。

以App來說，這麼做只能穩定取得極有可能安裝的使用者（這點確實很重要），無法開拓「不知道有這樣的App」、「第一次產生興趣」這類新的使用者。

行銷人必須具備的思維

如果只對已顯現需求的使用者投放廣告，成效數字的確會變得好看吧。但是，用行銷漏斗來說的話，這樣只是在快速「收割」已來到下層的使用者罷了。這一層遲早會收割完畢（在日本業界甚至稱這種做法為「火耕」），無法持續擴大商業機會。

筆者認為，不追求表面上的取得效率數字，且**操作廣告時能夠不斷思考「用這個關鍵字或媒體版面能獲得哪一層的使用者？」、「除了收割，是否也有努力把餅做大？」**是行銷人所必須具備的思維。

媒體規劃與模擬

行銷人員或廣告代理商人員，是如何依據上述的概念實際運用這類框架，以及他們做了哪些事務呢？這裡就以具體的業務為例，為大家解說這2點。

決定將廣告預算分配給哪個媒體以及如何分配的「媒體規劃」

媒體規劃是決定投入行銷的預算當中，廣告預算要分配給哪個媒體，以及如何分配。

舉例來說，假設某企業的整體預算是1億日圓，並按照前述的行銷漏斗概念，將預算分配成：

漏斗頂層（認知、興趣）分到7,000萬日圓
漏斗底層（比較與評估、購買）分到3,000萬日圓

（顧名思義，「漏斗頂層」是指漏斗的上層，「漏斗底層」是指漏斗的下層。）

這家企業應該是服務的認知度還不高，才會分配較多的預算用在提升認知度（例如大眾媒體廣告）上吧。不過，這家企業也沒有忽略其他活動，分配了一定的預算用來刊登搜尋廣告，穩定收割經由廣告得知服務並

主動調查的使用者;以及刊登再行銷廣告,催促曾在評估期間造訪過網站的使用者。

接著,將漏斗底層的預算分配給具體的媒體。漏斗底層的總預算是3,000萬日圓,按以下金額分配給各媒體:

Google廣告	1,000萬日圓
Meta廣告	600萬日圓
X(Twitter)廣告	400萬日圓
廣告聯播網A	200萬日圓
廣告聯播網B	150萬日圓
廣告聯播網C	100萬日圓
……	

如上述的形式,通常會將較多的預算分配給成效高的媒體(因此,若要正確分配預算,最好盡量以相同標準比較所有的廣告媒體。不過實際上,各媒體評鑑成果的方法不盡相同,因此需要留意。詳情會在之後的章節解說)。

依照目的設定推廣活動

進行媒體規劃時,依照目的設定推廣活動是很重要的。必須掌握媒體各自的特性,思考該怎麼分配手上的資源才能最有效率地觸及到目標消費者。

另外,並非所有媒體都能維持相同的取得效率、無止境地擴大規模。原則上,投入某一媒體的預算越是增加,效率就會越差。這是因為,隨著投入的預算增加,觸及的範圍勢必得擴大到「更難變成顧客」的使用者層。

這種「增加1名使用者所花的費用」稱為「邊際成本」,邊際成本會隨著投入的預算變大(教科書一般會用「遞增」來稱這種逐漸變大變多的現象)。換言之,越是增加預算、增加使用者,之後獲得使用者所需的成

本負擔就越大。

當徹底觸及完想觸及的消費者層,達到「閾值」之後,就只剩下無論投放多少廣告都無法打動的消費者了。

圖 2-06　廣告投放的閾值

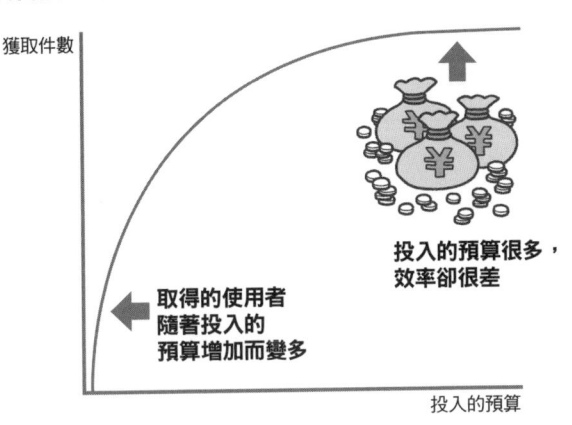

獲取件數

投入的預算很多,效率卻很差

取得的使用者隨著投入的預算增加而變多

投入的預算

針對各媒體設定正確的目的、指標、目標

實務上,在事前的規劃階段,通常會根據能從媒體那裡獲得的資訊推估刊登規模(筆者本身就經常受廣告主或廣告代理商人員委託,幫忙評估「這款App如果按照這個取得成本,1個月大概可以投放多少的廣告呢?」)。開始投放廣告後,就要一邊操作廣告觀察成效,一邊調整預算分配以實現整體最佳化。

這個部分也考驗行銷人的經驗法則。與各媒體或廣告代理商合作的同時,也要根據自家公司之前投放廣告的實績,在公司內部累積Know-How,這些都會在日後變成寶貴的資產。

除此之外,也必須事先針對納入規劃的各個媒體,正確設定應當測量、觀察的指標。

舉例來說,假如給本來是對「認知」發揮效果的廣告媒體設定取得成本目標,就會誤判了廣告成效的好壞。縱觀整體的成效衡量與回顧當然

也是不可或缺的,不過針對各個媒體設定正確的目的、指標以及目標是大原則。

模擬的觀念

為了使媒體規劃更加精準,有時會與媒體公司討論,並針對各個媒體進行模擬(設想投放的情況)。

此時的重點是,「維持事先設定的目標,預測能夠投放多少廣告(預估最高投放金額)」。

基本上,計算時要綜合考量取得等成本(CPA)、有關成效的指標(CPC、CTR、CVR等)、受眾(要投放的目標客群)設定與受眾量、類似案件的實績等。

成本或指標的目標越是苛刻,投放金額的上限就越低。只針對特定區隔的受眾投放時也一樣(「住在東京都內的30幾歲女性」的可投放規模會比「全體女性」小)。

這種模擬實際上也有許多困難之處,因此與其事前費力進行正確的預測,還不如一開始先設定個大概數值,之後再於操作階段進行調整比較實際。

不過,也有服務事先提供了模擬器。例如Google的搜尋廣告,只要設定成效目標之類的資料,系統就會自動進行預估。

參考

使用模擬工具估算智慧出價成效
- Google Ads說明

https://support.google.com/google-ads/answer/9634060?hl=zh-Hant

針對新創企業的行銷講座

https://note.com/tatsuojapan/n/nab0a83d407fa

POINT

- 學習行銷漏斗與顧客旅程等基本概念,根據自家公司的目的或狀況選擇策略。
- 瞭解廣告宣傳活動的類型,進行媒體規劃時要依照目的選擇媒體並設計成效衡量。

Chapter

3

正確地認識數位廣告

本章將解說數位廣告與 App 廣告的歷史，
帶領各位讀者回顧兩者演變至今的過程。
認識隨著科技發展建立起來的廣告生態系，
有助於大幅提升對相關實務的瞭解。
本章並非只是講述歷史故事而已，
還會嘗試用簡單易懂的方式解說產業結構，
讓各位讀者也能夠親自體現。

CHAPTER_3

廣告聯播網的誕生與演進

即便是在數位廣告界任職的人,應該也大多是在沒有瞭解全貌或市場構成要素的狀態下工作著。學習每個階段的歷史,是縱觀市場瞭解今日結構的捷徑。

知曉數位廣告歷史的意義

我們為什麼需要知曉數位廣告的歷史呢?

「科技日新月異,我們只要知道最新的事物就行了吧?」
「為什麼需要回顧過去的古早時代?」

也許有人會產生這樣的疑問。

不過,為數位廣告與廣告科技帶來進步的,是席捲業界的環境變化以及主要參與者的意向。瞭解歷史,能夠得知是何種環境發生了變化、何種意向改變了業界以及如何改變的,這樣一來就能稍微想像一下今後可能發生的變化。

數位廣告界成立至今,也已過了20年以上的歲月。是否清楚瞭解這段歷史、掌握趨勢,今後將是影響行銷人面對變化的因應能力、造成實力差距的關鍵吧。

正確地認識數位廣告

> **參考**
>
> **數位廣告交易實況之期中報告書**
> https://www.kantei.go.jp/jp/singi/digitalmarket/
> kyosokaigi_wg/dai12/siryou2-2.pdf

廣告聯播網的起點＝直接交易（純廣告）

以下就來解說數位廣告當中，被稱為廣告聯播網（Ad Network）的展示型廣告誕生之過程。

起點非常單純。在廣告科技登場以前，網頁瀏覽量高的媒體公司，都是直接或透過廣告代理商，向廣告主販售指定的廣告版位。這種交易稱

圖 3-01 純廣告

媒體公司直接向廣告主販售廣告版位
（直接交易）

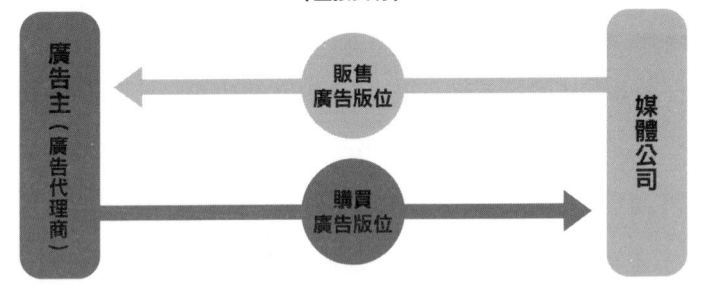

廣告主（廣告代理商） ←販售廣告版位— 媒體公司
廣告主（廣告代理商） —購買廣告版位→ 媒體公司

為純廣告。

廣告主（廣告代理商）向媒體公司下單、發送廣告素材後，媒體公司就會將收到的廣告素材刊登在自家網站上。這種交易型態，就好比餐廳直接向各個農場採購農作物（另外，在廣告交易中，提供廣告版位的媒體公司稱為「供應方」，反之購買廣告版位的廣告主稱為「需求方」）。

進行這種交易時,媒體公司需要自行受理各個廣告主發來的訂單,並且還要自己手動管理旗下的廣告素材,因此交易過程非常費時費力,很沒效率。

廣告代理商與媒體公司的仲介「媒體代理商」登場

另一方面,隨著網路迅速普及,網路上的媒體如雨後春筍般增加,廣告主與廣告代理商也得花更多時間與勞力向各媒體溝通。

於是便誕生了媒體代理商(Media Representative)這一種新型的業態。媒體代理商負責管理媒體公司擁有的數個廣告版位,並且作為銷售窗口向廣告主與廣告代理商販售所有廣告版位。以地位來說就是廣告代理商與媒體公司的仲介。

並非只有數位廣告才會有媒體代理商,像電通之類的綜合代理商也具備了媒體代理商的功能,可以集合數個電視臺的廣告時段一併向廣告主販售。

之後,媒體代理商增加了具有附加價值的服務,例如製作廣告素材或成效衡量分析等等。如今也有不少企業擁有幾乎不亞於廣告代理商的服務線。

換個角度來看,在後述的廣告聯播網與廣告交易平臺崛起後,其僅能「一次向數個媒體下廣告」的功能價值就相對下降了。

廣告科技的登場＝廣告伺服器的誕生

前面提到,對媒體公司而言,數位廣告交易存在著「受理訂單與刊登廣告要花時間與勞力」這個問題。

如今看來或許讓人難以置信,黎明期的展示型廣告,是由網頁工程師直接將廣告主提供的圖片與網址加到HTML中,等到廣告刊登時間結束就移除或換成別的素材。

這種方法不僅費時費力,也常發生人為疏失。為了解決這個問題,媒體公司準備了專門用來刊登廣告的廣告伺服器。

終於能夠測量成效

運用廣告伺服器後，媒體公司就能在網站準備「版位」，並透過不同於網站營運的另一條系統管理刊登在那個版位的廣告。

除此之外，專門用來刊登廣告的伺服器功能也進行了各種改善，例如能夠測量成效，得知哪個廣告顯示了幾次、被點擊了幾次。

圖 3-02　**廣告伺服器的誕生**

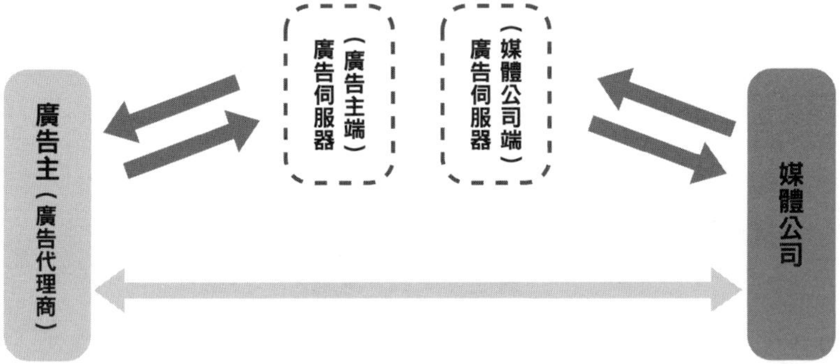

```
廣告主（廣告代理商） ⇄ （廣告主端）廣告伺服器　（媒體公司端）廣告伺服器 ⇄ 媒體公司
```

廣告伺服器對廣告主而言也是很方便的技術。過去，廣告主投放廣告的結果都是請各個媒體各自來報告，現在能夠橫跨數家媒體公司與投放版面追蹤廣告的成效，並將報表整合起來。

廣告科技的進步＝收集剩餘版位的廣告聯播網

媒體公司還有一個關於持續增加的網路使用者以及自家網頁的課題。那就是獲得廣告主的速度跟不上廣告版位的誕生速度，導致「供過於求」而面臨機會損失。

對廣告主而言也是如此，儘管出現了媒體代理商之類的仲介，但依然得花費時間以及努力挑選持續增加的媒體公司廣告版位、上傳自家的廣告素材。

於是，廣告市場誕生了使用科技解決雙方課題的新參與者。那就是

經營「廣告聯播網」的企業。

廣告的販售效率大幅提升

廣告聯播網是一種整合數家媒體公司擁有的「（純廣告賣剩的）剩餘版位」，再一起對外販售的聯播網。

如此一來，廣告主與廣告代理商就能更加順利地向數家媒體公司下廣告，媒體公司則可將廣告庫存（廣告版位）供應給聯播網另一端的眾多廣告主，廣告的販售效率因而大幅提升。

圖 3-03　廣告聯播網的登場

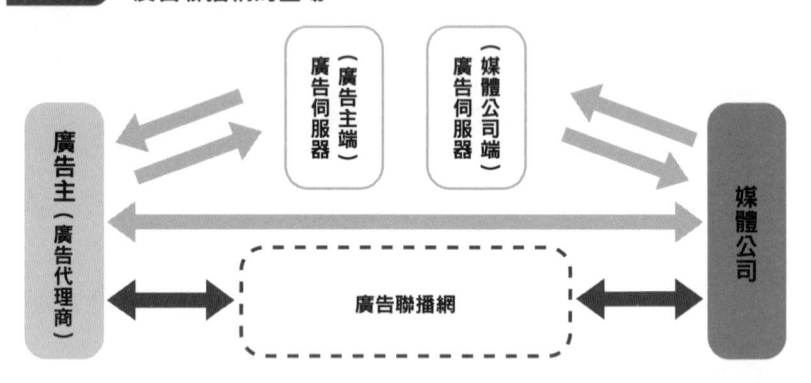

```
                    ┌─────┐  ┌─────┐
                    │廣告 │  │媒體 │
                    │主端 │  │公司端│
                    │廣告 │  │廣告 │
                    │伺服 │  │伺服 │
                    │器   │  │器   │
                    └─────┘  └─────┘
    ┌──────┐         ↗  ↙      ↖  ↘      ┌──────┐
    │廣告主│ ←──────────────────────────→ │媒體  │
    │(廣告 │                                │公司  │
    │代理  │ ←──┐ ┌────────────────┐ ┌──→ │      │
    │商)   │    │ │   廣告聯播網   │ │    │      │
    │      │    └─┤                ├─┘    │      │
    └──────┘      └────────────────┘      └──────┘
```

若要比喻的話，廣告聯播網就像是市場或批發業者，能夠向數個農場進農作物，供數家餐廳購買。

也促使部落客誕生

廣告聯播網這項技術，也可大規模收集及販售中小型媒體公司或個人部落格等網站的廣告版位。在沒有這種科技的時代，這類中小規模的網站，既無心力自行向廣告主或媒體代理商推銷，也沒有知名度或品牌力，因此要靠廣告獲利極為困難。

廣告聯播網出現後，中小型業者與個人終於可以利用網站賺錢。靠寫部落格文章維生的「部落客」也是這個時期誕生的新職業。

另外,廣告聯播網當初會誕生主要是為了「收集與出售賣剩下的純廣告版位」,不過也有越來越多網路媒體基於削減人事費用等觀點,決定不再透過人力販售純廣告,只靠廣告聯播網營利。如今媒體的營利方式,反而以廣告聯播網為主流,不再是販售純廣告了。

POINT

- ◉廣告伺服器這項科技的誕生,是為了削減在媒體擁有的各種廣告版位上刊登廣告所花費的作業時間與人力。
- ◉收集並販售媒體公司剩餘版位的廣告聯播網,是隨著網路的發展而誕生的技術。

廣告交易平臺的誕生與演進

數位廣告中特別難懂的就是「廣告交易平臺」。本節就來瞭解它與廣告聯播網的差異,以及支撐這個架構的科技基礎吧。

集結廣告聯播網的交易市場=廣告交易平臺

廣告聯播網的誕生,雖然為廣告主(廣告代理商)與媒體公司帶來效率,但也給雙方造成課題與不滿。

廣告主與媒體公司的不滿

廣告主(廣告代理商)的不滿是,在廣告聯播網刊登廣告時,很難追蹤廣告會出現在聯播網的哪個媒體上。有時也會發生廣告出現的媒體,與想推廣的產品或服務印象不符的這種情況(這是至今仍存在於業界的「品牌安全」課題)。

另外,各個廣告聯播網的收費模式也不盡相同,有的聯播網是按廣告顯示次數(曝光次數)收費,有的聯播網則是按廣告點擊次數收費,因此要統一測量與管理廣告的投資報酬率很費事。

以農作物來比喻的話,就是各農場的蔬菜或水果規格(大小、重量、味道等)本來就不同,各批發業者的販售方式(1個多少錢、重幾公斤)也不一樣,因此很難實現最佳採購。

媒體公司的不滿則是,即便是作為純廣告販售也很熱銷的優質廣告版位,也一併在廣告聯播網上放送廣告,因此不易提高廣告版位的價值,

導致整體的收益性下滑。

另外,廣告聯播網普及後,廣告主也基於作業效率觀點而大多選擇使用廣告聯播網,導致純廣告的銷售額明顯減少。

這種狀態就像是某個農場同時種植了高級蔬菜與普通蔬菜,但因為缺乏與餐廳直接交易的管道,沒辦法以高價售出高級蔬菜。

為了消除上述的不滿,這次出現了集結數個廣告聯播網的交易市場,以廣告主及媒體公司各自的理想價格媒合雙方,讓廣告主買到想買的廣告版位,讓媒體公司賣出想賣的廣告版位。這個交易市場就是廣告交易平臺(Ad Exchange)。

將之比喻成不同於一般市場、只買賣高級蔬菜的市場,應該比較容易想像吧。不光是農場和餐廳,就連批發業者也是這個市場的參與者。

圖 3-04　媒合廣告主與媒體公司的廣告交易平臺

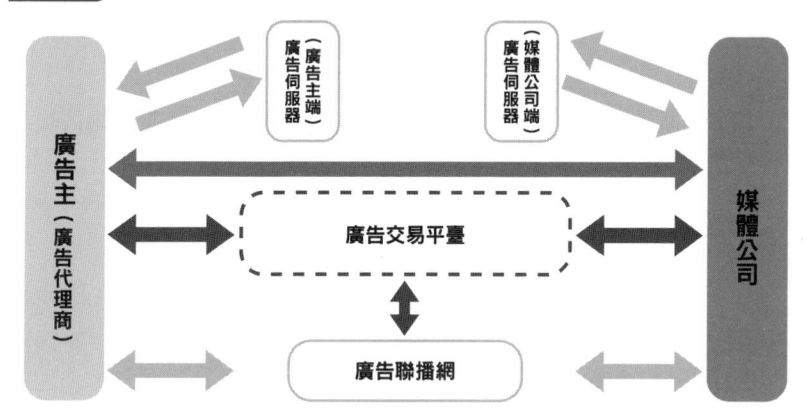

廣告聯播網與廣告交易平臺的差異

一般人常常會分不清楚廣告聯播網與廣告交易平臺。廣告聯播網是某個廣告主,與收集數家媒體廣告版位的仲介企業所管理的聯播網一對一交易。如同前述,各廣告聯播網的收費模式或廣告格式等都不盡相同。

反觀廣告交易平臺,則是一個每次要顯示廣告時,參加的數個廣告

主與數個廣告聯播網,都要透過競價來交易的「市場」。各位可以把這想成是比廣告聯播網更高階的仲介。

廣告交易平臺這個「市場」所發揮的最大作用,就是連接後述的DSP與SSP,並為各廣告聯播網不同的收費模式與格式提出統一的概念。如此一來規格就統一了,全都採取「按廣告顯示次數出價的『CPM(廣告每千次曝光成本)』收費模式」。

因此嚴格來說,廣告交易平臺並非只賣高級蔬菜,說它是以相同標準評估所有蔬菜,能以適當價格買賣每個蔬菜的市場或許比較正確。

為什麼從CPC變更為CPM?

如果採CPM收費模式,無論最後是否獲取點擊或購買,廣告主都要按廣告顯示次數向媒體支付費用;至於CPC收費模式,則是有點擊才需要支付費用,因此廣告主似乎喜歡CPC收費模式更勝於CPM收費模式。

這裡想再深入說明一下,為什麼業界會改採CPM收費模式(另外,關於CPC與CPM等數位廣告用語,Chapter 4會連同各自的關聯性一併進行詳細的解說。現在只要大致知道CPC是按點擊收費、CPM是按曝光收費就夠了)。

點擊成本的權重

回顧日本的網路廣告史,在如今仍是日本最大數位廣告代理商的CyberAgent,以及livedoor的前身Livin' on the EDGE等企業開始投入網路廣告的黎明期,按點擊收費(CPC)是主流的收費模式。

當時,(使用Cookie等)追蹤點擊廣告的使用者之後是否真的購買的技術還在發展中。既然無法追蹤點擊後的使用者行為,也就無法得知哪個廣告是否對購買(轉換)有貢獻。在這種情況下,無法針對各媒體、廣告或設定的關鍵字衡量「點擊成本的權重」。

這裡先再稍微說明一下,什麼是點擊成本的權重。

舉例來說，假設宣傳同一件商品的廣告Banner（圖片廣告）有2種，一種是強調銷售價格便宜的Banner，另一種是強調商品特徵的Banner。

假設最後，強調價格便宜的Banner有10％的點擊者購買，強調商品特徵的Banner有5％的點擊者購買。

不過，在廣告相關技術發展到可追蹤點擊後的購買行為之前，我們是無法掌握點擊這2種Banner的使用者各有百分之幾的人確實購買（另外，點擊廣告的人當中有百分之幾的人購買，這個指標稱為「CVR〔轉換率〕」）。

如果每獲取1次購買，廣告主最多花1,000日圓（CPA＝1,000日圓），那麼前者的Banner每次點擊最多支付100日圓即可（1,000日圓×10％），後者則只要支付50日圓（1,000日圓×5％）。

以這個例子來說，雖然這2種Banner的最終KPI是一樣的（CPA＝1,000日圓），但每次點擊的價值卻大不相同。這就是「點擊成本的權重」之觀念。

容筆者再囉唆地強調一次，必須在「已能夠追蹤點擊後的使用者行為」這個前提之下，才有辦法衡量點擊成本的權重。

圖 3-05　點擊成本的權重

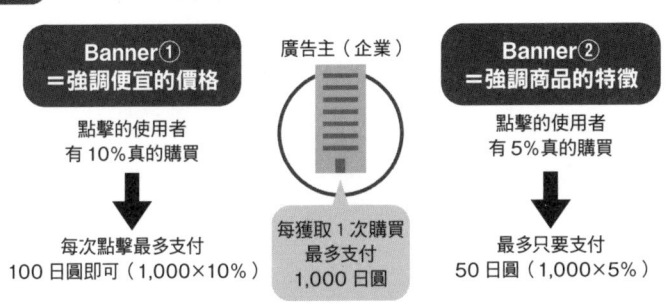

Banner①＝強調便宜的價格　　廣告主（企業）　　Banner②＝強調商品的特徵

點擊的使用者有10％真的購買　　　　點擊的使用者有5％真的購買

每次點擊最多支付100日圓即可（1,000×10％）　　每獲取1次購買最多支付1,000日圓　　最多只要支付50日圓（1,000×5％）

雖然最終KPI是一樣的（CPA＝1,000日圓），但每次點擊的價值卻大不相同

能夠從目標反推做出決策

以現在的廣告技術,已經能夠以廣告素材或設定的關鍵字為單位,追蹤點擊後的行動(例如註冊會員、在電商網站購買)之「轉換」(不過,未來有可能因為Cookie等技術規格改變,導致追蹤的可行性或準確度出現變化)。

因此,我們可以從目標反推做出決策,例如「這個關鍵字完全沒帶來轉換,所以降低出價金額吧」、「使用者就算點擊這個Banner也不太願意註冊會員,所以換成別的東西吧」。此外這類決策所依據的資料還進步到用不著人類特地去做統計,機器也會自動計算並在系統上累積資料。

出價金額未最佳化的機制

結束很長的開場白後,接下來就根據前述的背景,看一看廣告交易平臺這個「市場」吧。

從購買版位這一方(需求方=廣告主)的角度來看,得標與否取決於點擊成本是不利的。為什麼呢?這是因為如果沒考慮點擊率,即便顯示了高點擊成本的廣告,也有可能完全沒人點擊。

從媒體,也就是出售版位這一方(供應方)的角度來看,當然是想賣給願意用最高的價格購買版位的廣告主。在這種情況下,比起點擊成本很高但完全沒人點擊的廣告,刊登點擊成本低但點擊率很高的廣告,更有可能獲得很高的收益。

就是基於這樣的背景因素,對廣告版位的買方與賣方而言,考慮了點擊率的CPM(按曝光,即廣告顯示次數收費)才會成為最容易提高成效,也很容易溝通的指標。

廣告交易平臺的收費模式改以CPM為主後,再加上追蹤技術的進步,廣告聯播網也逐漸改用CPM來判斷。

不過,當中也有仍採CPC或CPI收費模式的廣告聯播網。如果是這

種情況,該廣告聯播網在連接廣告交易平臺參加競價時,後臺也會以某種邏輯將CPC或CPI換算成CPM。

例如,根據過去的傾向推測「有這種特徵的使用者理應有X%會點擊,有Y%會轉換」,然後使用這些數字來換算預估的CPM。

但是,如果實際投放後,點擊次數或轉換次數不如預期,那麼出價金額就高於實際的CPM了。這種時候,購買版位的廣告主或DSP(稍後解說)就得承擔風險了。

圖3-06　**出價金額比實際成本高的機制**

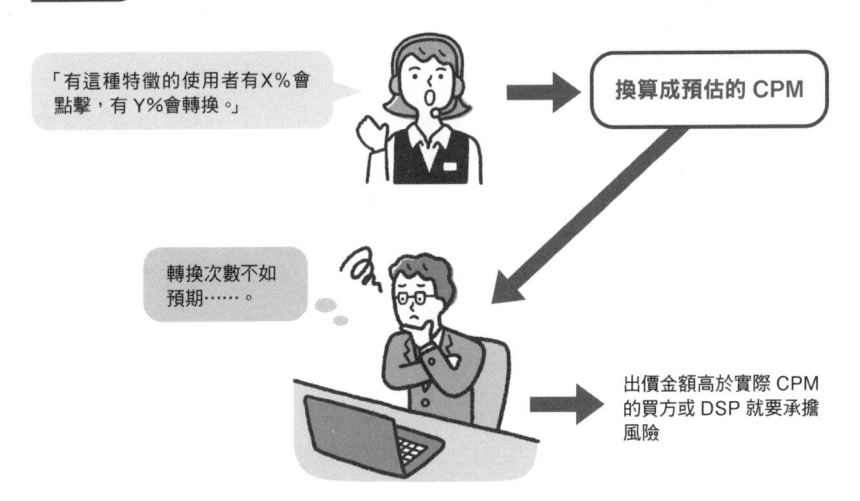

「有這種特徵的使用者有X%會點擊,有Y%會轉換。」

換算成預估的CPM

轉換次數不如預期……。

出價金額高於實際CPM的買方或DSP就要承擔風險

以廣告價值最大化為目標的工具＝DSP與SSP

在廣告交易平臺登場的同個時期,還出現了從廣告主角度與媒體公司角度解決前述廣告聯播網課題的科技。那就是給廣告主使用的工具DSP(Demand Side Platform,廣告需求方平臺),以及給媒體使用的工具SSP(Supply Side Platform,廣告供應方平臺)。

什麼是DSP？

DSP是廣告投放最佳化工具，其最重要的作用為「由機器根據資料進行判斷並自動購買廣告版位（程序化購買）」。

資料有很多種類型，例如根據過去實績預測的廣告庫存或期待效果，以及點擊成本、時段、類別等投放規則，還有連接的廣告聯播網或廣告交易平臺的受眾選擇等。請各位把DSP當作一種藉由最佳化，幫廣告主買到成效更高之廣告版位的工具。

這就好比即便從同個地區購買蔬菜，也能夠根據各農場過去的作物品質、當年的日照時間、採購的時期等各種資料，為每個蔬菜訂出不同的價格。只要擁有其他業者沒有的獨家資料，即便是其他業者認為「不值得買」的蔬菜，自己也能用最合適的價格購買。

哪個媒體成效高的「評價」，與評估是否「購買」的機器資料連動後，關於目標選擇的想法因而有了很大的進步。以前只能粗略評估這個網站的廣告價值是高是低，現在則是根據資料計算出廣告每顯示1次的價值。DSP登場當時，業者還用「從廣告版位進化到以人為本」這句標語來宣傳與推銷。

圖 3-07　DSP與SSP

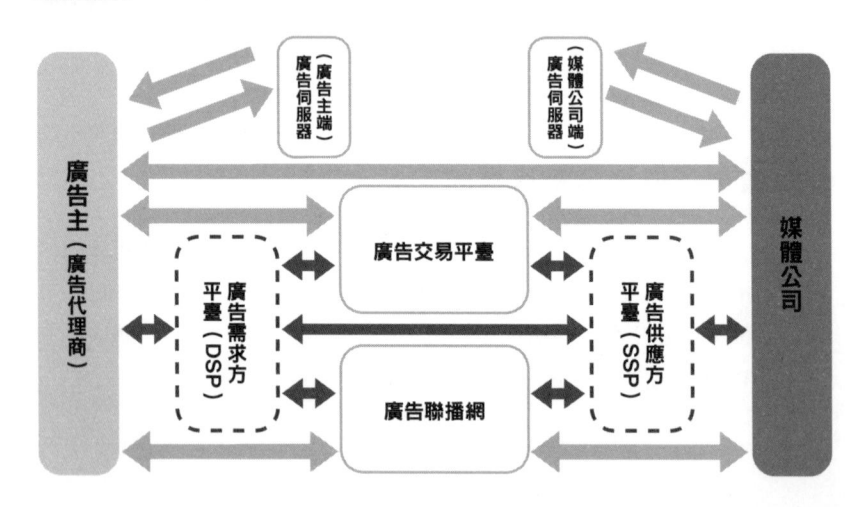

什麼是SSP？

　　至於SSP則跟DSP相反，是廣告版位銷售最佳化工具。SSP連接各種廣告聯播網或廣告交易平臺，透過稍後會提到的「即時競價（RTB，Real-Time Bidding）」機制，以競標的方式向買方DSP販售手上的媒體廣告版位。

　　DSP的目標是買到對廣告主而言成效（價值）最高的廣告版位，SSP的目標則是賣出對媒體公司而言收益最大的廣告版位。

　　同樣以農作物來比喻的話，就是不把所有的作物（廣告版位）全賣給單一批發業者，而是分別賣給不同的業者。原本這些蔬菜平均一個賣100日圓，現在品質特別好的蔬菜能賣到1,000多日圓。

　　當網路上的廣告庫存持續增加的同時，廣告交易平臺、DSP與SSP等運用科技的機械化交易市場，也形成一個能為廣告主與媒體公司帶來最大價值的生態系。

　　最大化買方與賣方各自的利益，原本是一種利益衝突的行為。雙方之所以能夠提高價值卻不必花費龐大的人力資源，正是因為運用科技實現徹底的效率化。

　　這種透過機器購買／販售廣告版位的交易，稱為程序化廣告市場，整個2010年代絕大多數的數位廣告都採用這種交易型態。在業界若使用「廣告交易平臺」一詞時，通常不是單指由特定某企業經營的交易市場，而是廣義地指稱上述的整個廣告交易流程，也就是結合了DSP與SSP的共同合作。

圖 3-08　全球的程序化廣告費用預測

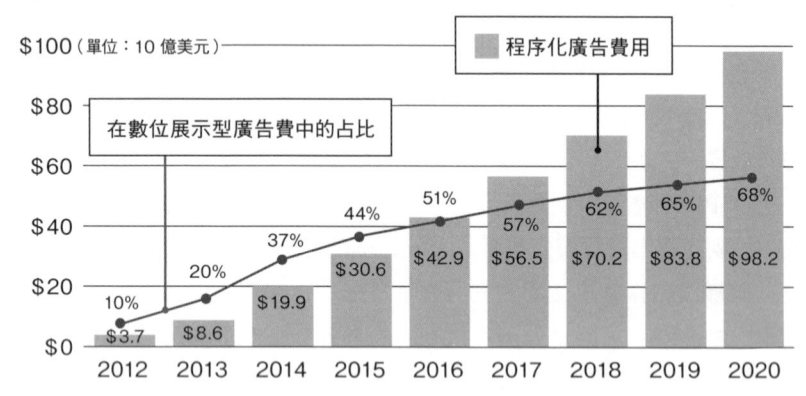

年份	程序化廣告費用（10億美元）	在數位展示型廣告費中的占比
2012	$3.7	10%
2013	$8.6	20%
2014	$19.9	37%
2015	$30.6	44%
2016	$42.9	51%
2017	$56.5	57%
2018	$70.2	62%
2019	$83.8	65%
2020	$98.2	68%

※出處：Exchangewire

即時競價（RTB）

支撐這種程序化廣告得以運作的，就是被稱之為RTB（Real-Time Bidding）的這項科技，bidding為在拍賣中出價、投標的行為，因此中文稱RTB為即時競價或是即時出價。那麼放在數位廣告中的話，這又是一種什麼樣的科技呢？

舉個例子來說，假設你造訪了某個網站，那裡有個廣告版位。在廣告顯示出來之前不到0.1秒的時間之內，後臺的機器其實正進行著這樣流程的交易。

圖 3-09　即時競價機制

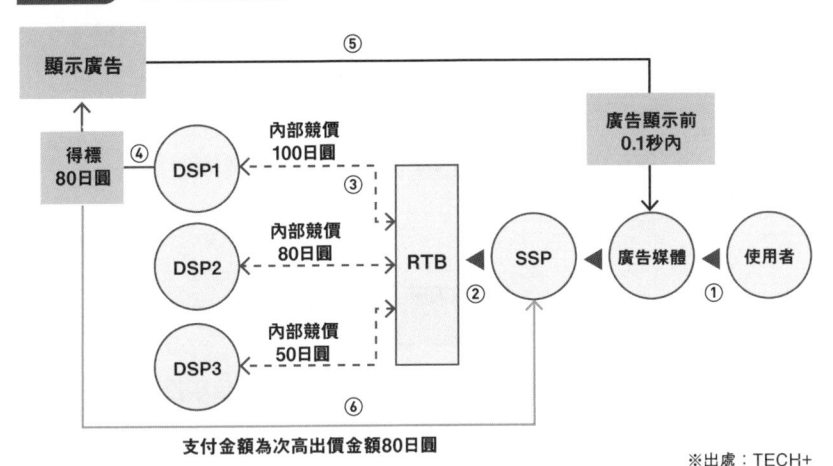

顯示廣告

得標 80日圓 ④ ← DSP1 ← 內部競價 100日圓 ---→ ③

DSP2 ← 內部競價 80日圓 ---→ RTB ◄ SSP ← 廣告顯示前 0.1秒內 ← 廣告媒體 ◄ ① 使用者

DSP3 ← 內部競價 50日圓 ---→

⑥ 支付金額為次高出價金額80日圓

⑤

※出處：TECH+
https://news.mynavi.jp/article/so_netmedia-4/

① 使用者瀏覽網頁
② 網頁向廣告交易平臺或SSP發送廣告請求（這個網站有這樣的人要看這個廣告版位！）
③ 廣告交易平臺或SSP接收到廣告請求後，向數個DSP發送該廣告請求
④ DSP接收到廣告請求後，列出各DSP內符合該廣告請求的廣告，在內部進行競價，然後將競價結果回傳給廣告交易平臺或SSP（我們這個廣告要用△△日圓購買那個廣告版位！）
⑤ 廣告交易平臺或SSP接收到競價結果後，再以有出價的廣告繼續進行競價，最後決定得標者（這次競價獲勝的是，從這個DSP出價的這個廣告！）
⑥ 得標廣告主的廣告，發送到媒體公司的廣告伺服器，然後向使用者顯示廣告

　　這樣各位都明白了嗎？在0.1秒內執行上述流程的科技，就是即時競價系統。
　　題外話，據說這個即時競價機制，源自於金融市場的即時交易機

制。2008年發生雷曼兄弟破產事件後,從金融業流出的工程師們轉而進入剛成立不久的程序化廣告市場,結果研發出能以驚人速度進行雙邊交易的廣告科技。筆者個人覺得這是一個非常勵志感人的故事。

下一節要解說的是競價的理論與具體流程,以及應用篇——最新的即時競價機制「標頭競價」。

> **POINT**
> ●廣告交易平臺是連接廣告聯播網的交易市場,為廣告聯播網各種不同的收費模式與格式提出統一的概念。
> ●為了使廣告交易平臺的交易更有效率,不僅發展出給廣告主使用的DSP與給媒體公司使用的SSP等工具,還有即時競價這項科技。

程序化廣告背後的概念與技術

前面解說了數位廣告市場的基本結構。接下來是應用篇,除了介紹程序化廣告的變化與具體案例,還會跟各位談談廣告生態系的功能整合。

支撐數位廣告的競價機制

上一節介紹即時競價(RTB)時也有提到,支撐程序化廣告的就是源自金融市場即時交易機制的競價機制。

什麼是次高價得標競價?

首先在數位廣告市場導入的是次高價得標競價模式(Second-price auction)。

次高價得標競價的規則是,競價時由最高出價者得標,但購買時的支付金額不是自己的出價金額,而是次高出價者的金額加上最小單位(例如＋1日圓)。

如果沒有次高價模式,當自己以1,000日圓得標時,即便次高出價者出價100日圓,自己仍必須支付1,000日圓。因此,就算真的覺得最多願意付1,000日圓,也會在心理作用下試圖「壓低出價金額」。這樣一來就會對希望高價賣出的賣方不利。

若有次高價模式,好處就是即使買家的出價金額比其他人高出許多,但是得標時要支付的最終金額也能夠控制在「低於得標價的金額」。所以當買家在決定出價金額時,能夠按自己最多願意付出的價格放心設定

上限金額。

不過，在導入後述的標頭競價機制後，整個業界就從次高價得標競價模式改採最高價得標競價模式了。

圖3-10　次高價得標競價與最高價得標競價混在一起

標頭競價伺服器	廣告伺服器
A 公司 160 日圓	D 公司 140 日圓
B 公司 120 日圓	E 公司 100 日圓
C 公司　80 日圓	F 公司　60 日圓

標頭競價伺服器的次高出價是120日圓。如果廣告伺服器是採最高價得標競價模式，那麼最後是用A公司的120日圓（次高價）與D公司的140日圓來進行競價嗎？

A公司本來打算支付160日圓，卻因為標頭競價機制而輸給出價140日圓的D公司？

（最後到底是誰要付多少錢？）

以高價值的交易為目標
＝私有廣告交易市場（PMP）

廣告交易平臺的誕生，不僅為廣告主與媒體公司雙方帶來很大的利益，還大幅擴張程序化廣告市場。不過，市場依然存在這個課題：廣告主想優先購買價值高的廣告版位，媒體公司則想用更高的價格有效率地販售價值高的廣告版位。

於是，介於純廣告與程序化廣告之間的交易型態就這樣誕生了。這種新的交易型態稱為私有廣告交易市場（PMP），是一個只限可參加的廣告主與媒體進行交易的程序化廣告交易市場，預估未來規模會有很大的增長空間。

圖 3-11　日本的網路廣告PMP交易市場規模預測

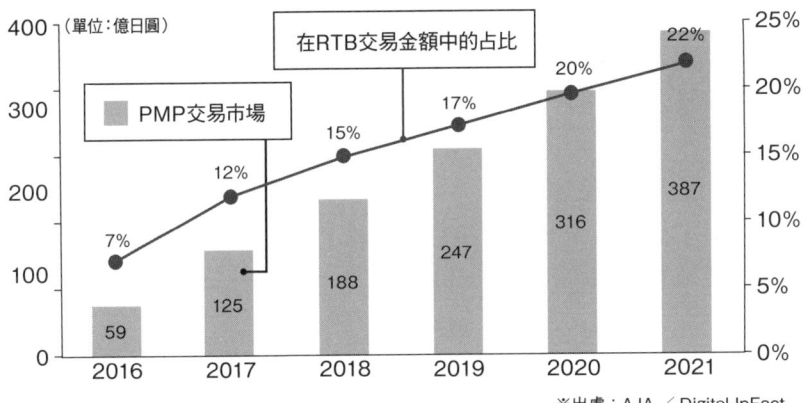

（單位：億日圓）

年度	PMP交易市場	在RTB交易金額中的占比
2016	59	7%
2017	125	12%
2018	188	15%
2019	247	17%
2020	316	20%
2021	387	22%

※出處：AJA／Digital InFact

標頭競價

前面所說明的競價機制有個前提，那就是要等到網頁上包括廣告在內的原始碼被載入使用者的裝置「之後」，才會針對發出請求的廣告版位展開競價。

至於「標頭競價（Header Bidding）」，則是在媒體向廣告伺服器發出廣告請求之前，先向數個廣告交易平臺提供的廣告庫存進行競價。這個機制又可稱為「預先競價」。

這個機制不僅向更多的廣告主提供出價機會，還加快了廣告的載入速度，因此能進一步提高媒體的收益性。

Google的案例

在前面說明過的數位廣告市場眾多參與者當中，有個知名業者在所有的領域都有提供相應的服務。那就是筆者以前任職的Google（雖然正式的公司名稱是Alphabet，但本書還是統一使用更廣為人知的服務名稱「Google」）。

Google在2007年,以大約31億美元的價格收購廣告科技企業DoubleClick。這是一件大型收購案,金額約是Google收購YouTube金額的2倍。Google將DoubleClick提供的服務,整合到自己原有的服務後,便掌握了數位廣告生態系絕大多數的要素。

Google提供的數位廣告
(從收購DoubleClick後到整合品牌前)
- 廣告主端的廣告伺服器(DoubleClick Campaign Manager)
- DSP(DoubleClick Bid Manager)
- 廣告聯播網(Google AdSense、Google AdMob)
- 廣告交易平臺(DoubleClick Ad Exchange)
- SSP(Google Ad Manager)
- 媒體公司端的廣告伺服器(DoubleClick For Publishers)

Google的整合①SSP、廣告交易平臺、媒體公司端的廣告伺服器
Google將SSP與廣告交易平臺整合起來。之後於2018年,Google捨棄過去為人所知的DoubleClick品牌,將3個機構整合成Google Ad Manager。

Google整合的3個機構
- 廣告交易平臺
- SSP
- 媒體公司端的廣告伺服器
⇒整合成「Google Ad Manager」

筆者認為,Google就是透過垂直整合,使本來就很強大的地位變得更加堅如磐石。

圖 3-12　向所有角色提供服務的 Google

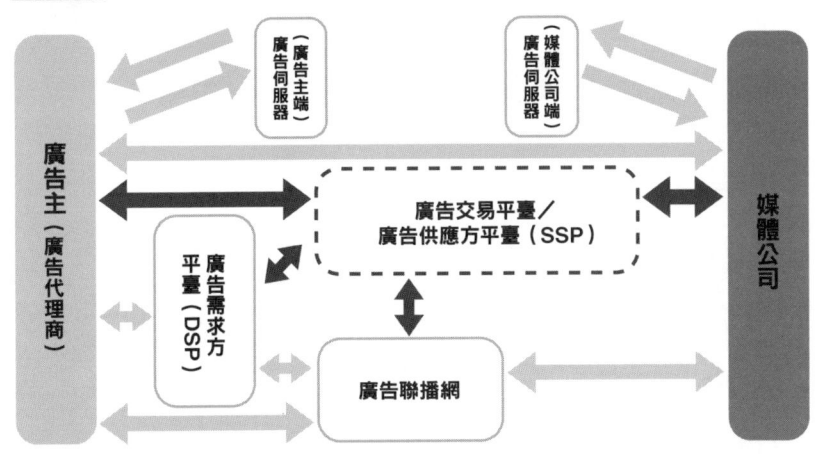

```
廣告主（廣告代理商） ⇄ (廣告主端廣告伺服器) ⇄ 廣告交易平臺／廣告供應方平臺（SSP） ⇄ (媒體公司端廣告伺服器) ⇄ 媒體公司
                    廣告需求方平臺（DSP）
                    廣告聯播網
```

Google的整合②DSP、廣告主端的廣告伺服器

　　DSP與廣告主端的廣告伺服器也在整合的行列中。同樣以Google為例，Google Marketing Platform就是兼具兩者功能的平臺。

Google Marketing Platform整合的服務

・廣告主端的廣告伺服器
　（Google Marketing Platform內的Campaign Manager）
・DSP（Google Marketing Platform內的Display & Video 360）

POINT

◉即時競價（RTB）機制不僅又開發出標頭競價技術，能夠媒合出價更高、成效更好的廣告，競價系統也有所改變。

◉Google不僅在數位廣告生態系的各個領域中提供產品，還把DSP、SSP與廣告伺服器等服務整合起來。

App廣告的歷史與演進

在前面的小節我們聚焦於網路廣告,為大家說明了數位廣告的歷史,瞭解構成廣告科技市場的各種要素是如何誕生與發展。接下來則針對App廣告,一邊回顧市場參與者的盛衰榮枯一邊說明這段歷史。

知曉App廣告歷史的意義

前面解說的數位廣告史,基本上是發生在網站(透過瀏覽器顯示的網路站臺)上的事。

或許有人會疑惑,本書以《App行銷變現術》為書名,為什麼要說明網路廣告的歷史呢?這是有明確理由的。

因為筆者認為,App廣告的歷史與網路廣告的歷史很相似。所以,只要先掌握網路廣告的歷史,要瞭解App廣告的演進就更加容易了。就是出於這個緣故,筆者才會希望各位讀者先瞭解作為基礎的網路廣告歷史。

不過,App廣告有著網路廣告沒有的、App特有的技術與服務,以及流行與過時的事物。筆者想在這一節為大家說明這些部分。當中應該有不少話題,會讓打從2010年代前半期就待在日本行動業界的人士備感懷念吧。

App行銷黎明期＝評論網站

在iPhone與Android手機開始在日本市場販售的2010年代初期，智慧型手機的市占率還不是很高，當時使用者會得知App的存在並進一步下載安裝大多要歸功於「評論網站」。這種部落格形式的網站會刊登評論文章，介紹App的使用方式與迷人之處，廣受智慧型手機使用者的歡迎與支持。

由於是市場的黎明期，這個時代尚未出現可稱為「經典」的App，大家都在試用接二連三推出的各種App。再加上功能型手機時代也有介紹手遊等應用程式的網站，因此在逐漸邁入智慧型手機時代之際這種評論網站同樣很受歡迎。

「業配」服務也很盛行

在這種網站獲得評論的話下載次數確實會增加，於是App開發者開始發新聞稿以便請他們撰寫評論，此外也誕生出委託許多評論網站幫忙宣傳的「業配」等服務。網站也正式開始收錢寫文章，將所謂的業配文當作收益來源之一。

最盛行時日本的評論網站多達幾十個以上，具代表性的例子有「AppBank」與「Androider」等等。AppBank公司早先經營App介紹網站，之後也經營手遊攻略網站等事業，還在2015年於日本上市。在AppBank一舉成名的網紅「MaxMurai」，當時就是透過YouTube分享遊戲實況等影片，累積了驚人的觀看次數，堪稱是今日「YouTuber」的先驅。

※Androider

為了商店排名而實施的行銷
＝獎勵廣告（衝榜廣告）

　　繼評論網站之後逐漸盛行的手法是獎勵廣告。這種廣告是當使用者經由廣告安裝App，或是安裝App後執行特定的行動（例如註冊會員）時，該使用者就可以獲得點數之類的獎勵。

　　這可算是一種「我們會給你零用錢，請下載我們的App」的手法。不過，下載之後是否會繼續使用這款App取決於使用者，而且實際上經由獎勵廣告獲得的使用者留存率非常低。乍看會覺得這是不值得採用的廣告手法，但為什麼這種手法會普及呢？

以暫時衝高App排名為目的之行銷

　　話說回來，使用者是如何決定要下載哪一款App的呢？除了參考前述的評論網站外，2010年代前半期使用者最常見的做法就是，到iOS的App Store或Android的Google Play（2012年以前稱為Android

Market）這些用來下載App的平臺，查看它們各自的下載排行榜來認識熱門的App。

這種做法就如同查看最新的Oricon音樂銷量排行榜，然後決定要在TSUTAYA租哪一張CD（不過這個比喻，現在的日本年輕世代是不是也無法理解了呢？）。

因此，為了暫時衝高App排名而運用獎勵廣告的行銷才會盛行起來。由於目的是衝高排名，這種手法又稱為「衝榜廣告」。

身為廣告主的App營運公司，會透過點數回饋網站（或App）等途徑，以「下載○○App，就能獲得相當於100日圓的點數」這種形式提供給付諸行動的使用者獎勵。點數累積到一定程度後，就可以兌換各種現金券或禮券。

多數使用者會為了獎勵，一窩蜂地在限定期間內安裝App。當時App平臺的排名演算法，特別重視「近期的安裝次數」，因此短期內有許多人下載的App就會名列前茅。

如此一來，在App排行榜上發現這款App的使用者就會認知到（或許也可以說是誤以為）「哦，這款很受歡迎呢」，從而安裝App。使用者不是經由獎勵廣告（衝榜廣告）下載，而是看了排行榜後決定安裝App的情況稱為「自然安裝（Organic Install）」。

換言之，順序就是「投放獎勵廣告（衝榜廣告）→排名上升→自然安裝增加」（另外補充一下，刊登或導向獎勵廣告的媒體也有廣告收入，因此同類型的網站會形成聯播網）。

圖 3-13　衝榜廣告

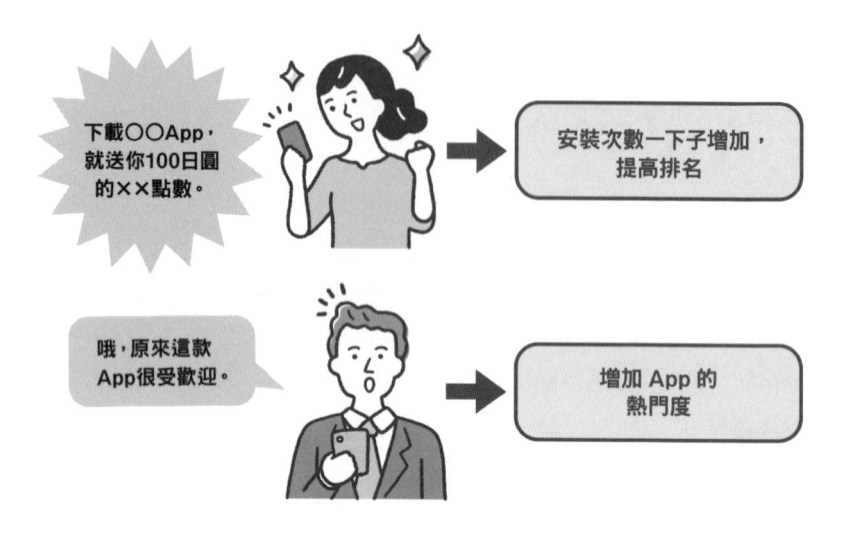

下載○○App，就送你100日圓的××點數。 → 安裝次數一下子增加，提高排名

哦，原來這款App很受歡迎。 → 增加 App 的熱門度

　　這種廣告手法的再現性很高，而且效果非常好。這是因為雖然App平臺的排名演算法並未公開，不過廣告業者能夠根據經驗知道「只要利用獎勵廣告增加幾次下載，排名就會上升到第幾名」，或是「登上排行榜第幾名時，能獲得幾次自然安裝」。「排名的目標要設定為第幾名？」是這個時期，廣告代理商與App企業之間常進行的對話。

　　提供這種手法的業者當中，也有不少上市的網路企業，例如Adways公司（AppDriver）、Metaps公司（metaps）、GREE公司（GREE Ads Reward）等等。筆者無意批評他們做了壞事。畢竟當初這種手法並未被視為大問題，而且在想增加App安裝次數的業者，以及想輕鬆賺取零用錢的消費者之間也很受歡迎。

開始被App商店視為問題

　　但是，排行榜原本只是用來衡量App受使用者歡迎的程度，這種手法卻違背了原本的用途，妨礙消費者找到真正有價值的App，因而被App商店視為問題。自2010年代前半期開始，App商店的服務條款就明

文禁止為了促進App的下載而向使用者提供獎勵的行為，之後規則漸漸變得越來越嚴格。

具體來說，就是商店會下架（Ban）搭載任務牆（Offerwall，又譯為積分牆或廣告牆）這種「下載App就能獲得獎勵的任務一覽」功能的App，以及一旦發現利用衝榜廣告人為提高排名，該App或企業帳號就會被停權等等。當時甚至還有人建立匿名部落格「App Tokyo」，揭發違反服務條款的行為（該部落格現已關閉）。

到了2017年，App Store的UI（使用者介面）終於移除「排行榜」標籤頁，改將Apple編輯團隊直接推薦的App移到更醒目的「Today」等標籤頁內。不過嚴格來說商店還是保留住排行功能，但移到了使用者不易造訪的頁面，因此大幅降低了「提高排名後安裝次數就會增加」這層因果關係。

另外不只App Store，Google Play也持續變更排名演算法，如今排名不是單純只看安裝次數，活躍率等指標的比重也變高了。因此，就算向使用者提供獎勵增加表面上的安裝次數，排名也很難有所提升。

此外，從前Apple曾透過聯盟行銷（Affiliate Marketing）方式，向推薦App Store內的App之網站提供獎勵。過去佣金費率高達7%，但後來逐漸調降，2018年終於降到0%，等於是廢除了這個機制本身。

就算使用獎勵廣告（衝榜廣告）排名也不太會提升，使用者也看不到排行榜本身，因此這個手法的成本效益變得非常低。除此之外，還得承擔App被商店移除的巨大風險，所以現在日本幾乎沒有業者想採用這種手法了。

換個角度來看，這也意謂著平臺只要變更自己的規定，就能殘酷地摧毀一種廣告手法。不過，站在開發與提供iOS或Android等作業系統的平臺立場來看，這也可以算是為了讓使用者「發現真正優秀的App，提升智慧型手機體驗，永遠留在這個平臺」而必須採取的行動吧。

日本產廣告聯播網與測量工具的興盛

如今智慧型手機App的廣告市場已變得龐大，不過在2010年代初期，其規模仍舊比網路廣告市場小很多。

日本網路新創企業的崛起

IT新創企業nobot就是在這個時期颯爽登場。從2009年創立時算起還不到3年（若從事業正式成立時算起才過了1年多），nobot就在2011年被KDDI集團的mediba公司以十幾億日圓收購。這件事促使日本的智慧型手機廣告市場開始發展壯大。

nobot公司迅速擴大ADMaker這個行動廣告聯播網，其廣告曝光庫存規模僅次於Google收購的AdMob。題外話，nobot創辦人小林清剛（Kiyo Kobayashi）後來前往美國，成為可靠的大哥級人物，大家都說「日本人若要在矽谷創業就要先找他諮詢意見」。

繼這種具象徵性的併購之後，接著登場的並非有「GAFA」（即Google、Amazon、Facebook、Apple）之稱的跨國大企業，反而是日本本土的廣告聯播網發揮其機動力，開拓國內的媒體迅速擴大自己的規模。其中具代表性的廣告聯播網，有nend（FAN Communications公司）、i-mobile（i-mobile公司）等日本產廣告聯播網，他們在當時是規模最大的廣告聯播網。

於那段期間（2011～2015年）筆者仍在Google負責日本地區的AdMob（行動廣告聯播網）業務推展，由於這本來就是在2010年併購的服務，開發資源幾乎都被PMI（Post Merger Integration，併購後整合）程序搶去整合Google的廣告投放系統與後端，導致AdMob無法以跟日本企業同等水準的速度開發及提供被要求的功能。AdMob的市占率因而大大輸給nend與i-mobile，當時筆者覺得很不甘心，對這件事留下了深刻印象。

智慧型手機遊戲市場的盛況

2013年以後，因智慧型手機遊戲市場蓬勃發展，再加上遊戲開發者投入許多廣告費用，日本產廣告聯播網進入全盛時期。繼《龍族拼圖》（GungHo Online Entertainment公司）、《怪物彈珠》（MIXI公司）等「智慧型手機」暢銷遊戲之後，GREE與Mobage（DeNA公司）等以功能型手機遊戲平臺或家用主機遊戲為主戰場的遊戲公司，也全都進軍智慧型手機遊戲市場。

不只日本的遊戲企業，海外也有許多遊戲企業進軍日本，例如以《憤怒鳥》聞名的芬蘭Rovio娛樂公司（2023年SEGA颯美宣布收購）、同樣來自芬蘭以《部落衝突》等遊戲聞名的Supercell公司，以及推出《糖果傳奇》系列的英國King公司等等。雖然日本的人口只有1億多，但或許是因為「付費購買行動遊戲的追加內容」這種消費者行為在功能型手機時代就已經很普遍，即使從全球的角度來看日本的手遊市場還是很大且充滿吸引力。

隨著遊戲企業之間的競爭越演越烈，行動遊戲企業也更加願意刊登廣告。數位廣告自然不用說，宣傳App的電視廣告也是從這個時期開始出現，如今已經普遍到「沒有一天看不到」的程度。

測量工具的盛衰榮枯

越來越多企業在廣告聯播網刊登廣告，日本業者提供的成果測量工具市占率也隨之增長。這種追蹤工具本來是要收費的，但日本的廣告代理商把它當作銷售武器進行開發，業務員在推銷時都會告訴客戶「只要下廣告就可免費使用」。

具代表性的測量工具，有CyberZ公司（CyberAgent子公司）的「F.O.X」，以及Adways公司的「PartyTrack」。或許有精通這個領域的業界人士還記得Adinnovation公司的「AdStore Tracking」（於2018年將事業轉讓給Lockon公司）。另外，當時的「MobileAppTracking（MAT）」（之後改名為TUNE，被Branch公司收購）在國際上很受歡迎，日本也有部分企業採用。

CHAPTER_3

　　這些測量工具起初大多是以標籤（tag，不是用在原生App上，而是在網頁瀏覽器上進行追蹤的東西）為基礎運作，後來演變成SDK（Software Development Kit，軟體開發套件）這種可簡單導入軟體的工具包，於是就改為實際安裝在App內了。「SDK」本來是一般的開發術語，卻因為這個緣故在App行銷業界遭到誤用，變成單指追蹤工具的用語（例如：「貴公司使用的是哪一家的SDK？」）。

　　之後，F.O.X與PartyTrack的事業被跨國的追蹤工具公司Adjust收購，結束了它們的任務。如今這個Adjust，與來自以色列的AppsFlyer是追蹤工具界的兩大巨擘。下一章將詳細說明追蹤工具的重要性，現在各位只要明白「各個領域都有盛衰榮枯」就夠了。

> **POINT**
> - App行銷的黎明期，流行利用評論網站，以及運用衝榜廣告提升商店排名等方式來獲得安裝。
> - 日本國內網路新創企業提供的廣告聯播網與測量工具在早期曾經十分盛行。

日本國內勢力的衰退與全球性參與者造成的寡占化

在App廣告的黎明期，nend與i-mobile等日本企業的服務席捲日本市場。但是，隨著市場的擴張與成熟，跨國企業逐漸擴大市占率。本節就來回顧到今日為止，App廣告的全球性參與者是如何崛起的。

全球性參與者的變遷

全球性參與者的最大優勢，就是自家服務龐大的使用者母數，以及來自這個使用者基礎的豐富資料。

大型平臺企業開始提供App廣告的時期
- 2012年：Facebook Mobile App Install Ads
- 2014年：Twitter（現X）Mobile App Promotion
- 2015年：Google UAC（通用應用程式廣告活動）
- 2016年：LINE Ads Platform
- 2018年：Apple Search Ads

全球性參與者憑著在全球發展業務的資金力與開發力，不斷強化自家運用資料進行最佳化的技術，所以在廣告產品最重要的「成效」上，他們遠勝過其他的廣告商品。

於是在2010年代後半期，這些大型平臺提供的廣告成了廣告主獲得使用者的主要武器，分配預算時把重點放在這些全球性參與者上也成了標

準的做法。

除此之外在這段過程中，原本以Banner為主流的廣告格式也變得更加多樣化且豐富，例如全螢幕廣告（插頁式廣告）、影片廣告或是原生廣告等等。

追蹤工具之定位的變化

不過，在測量的重要性與日俱增之際，追蹤工具的定位也逐漸改變。如同前述，在黎明期的日本，比起單靠這項產品獲得收益，日本的廣告代理商更傾向於將之當作「廣告的銷售武器」，因此技術投資對他們而言不是一件容易的事。

在那之後，專門提供更加出色之追蹤工具產品的公司，開始在包括日本在內的全球市場發展業務，日本國內的工具在功能上落後這種「專業工具」。

例如，當影片廣告在市場上大幅成長時，日本的追蹤工具卻無法測量「View Through Conversion（觀看廣告後發生的轉換）」，這類限制開始變成問題。

Adjust與AppsFlyer都是在國際上崛起的追蹤工具，他們的服務也已滲透日本市場。來自柏林的新創企業Adjust，在收購前述CyberZ公司的「F.O.X」與Adways公司的「PartyTrack」後，一口氣奠定了日本市場的客戶基礎；來自以色列的新創企業AppsFlyer，則是以高超的技術力在日本市場擴大市占率。

就筆者的感覺來說，於撰寫本書的2023年，日本App行銷的測量工具市占率，這2家公司至少就占了7～8成。

加強廣告市場支配力的Google與Meta

如同前面所述，數位廣告的預算分配著重於全球性參與者已成了市

場上的標準做法。雖然很難定義數位廣告市場，也很難以市場規模為分母計算各參與者的確切市占率，不過在日本的公平交易委員會提出的市場結構說明中，記載了數位廣告的類型、商流以及市占率，這裡就提供給各位做個參考。

從這份資料可以得知，在搜尋廣告項目，Google獲得70～80％的市占率；而在一般媒體廣告項目，Google（YouTube）與Meta各獲得10～20％的市占率；在展示型廣告聯播網項目，Google獲得50～60％的市占率，Meta則獲得10％左右的市占率。

在廣告市場上，一個業者竟然可以擁有這麼高的市占率，可以說是很不尋常的情況吧。在市場的黎明期，由於這種全球性參與者尚未正式加入競爭，因此在市場還小的時期，網路與App的歷史上都能觀察到以下3個階段。

市場還小的時期發生的變化
①新創公司開拓利基市場
②國內的業者崛起，成長到相當程度的規模
③在市場逐漸成熟的過程中，跨國的大型平臺正式加入競爭，搶走極大的市占率

圖 3-14　日本數位廣告的市場結構

- 數位廣告市場，是由販售自有網站等媒體廣告版位的發布商，與購買廣告版位刊登廣告的廣告主，以及媒合雙方的平臺業者（以下稱為「PF業者」）與廣告科技業者等仲介業者構成的市場。
- 數位廣告誕生了新技術並且急速發展，例如分析多種資料依照個人喜好放送廣告的**定向廣告**。
- 當個人瀏覽網站等媒體的瞬間，**發布商**在網站等媒體上提供的**廣告版位與廣告主刊登的廣告**，可透過高度複雜化的系統即時媒合並放送廣告。次數眾多的競價交易在系統上進行。
- 起初因提供數位廣告技術的眾多廣告科技業者加入導致功能分化（支援賣方的功能、支援買方的功能等），之後負責媒合的PF業者透過收購等方式進行垂直整合。

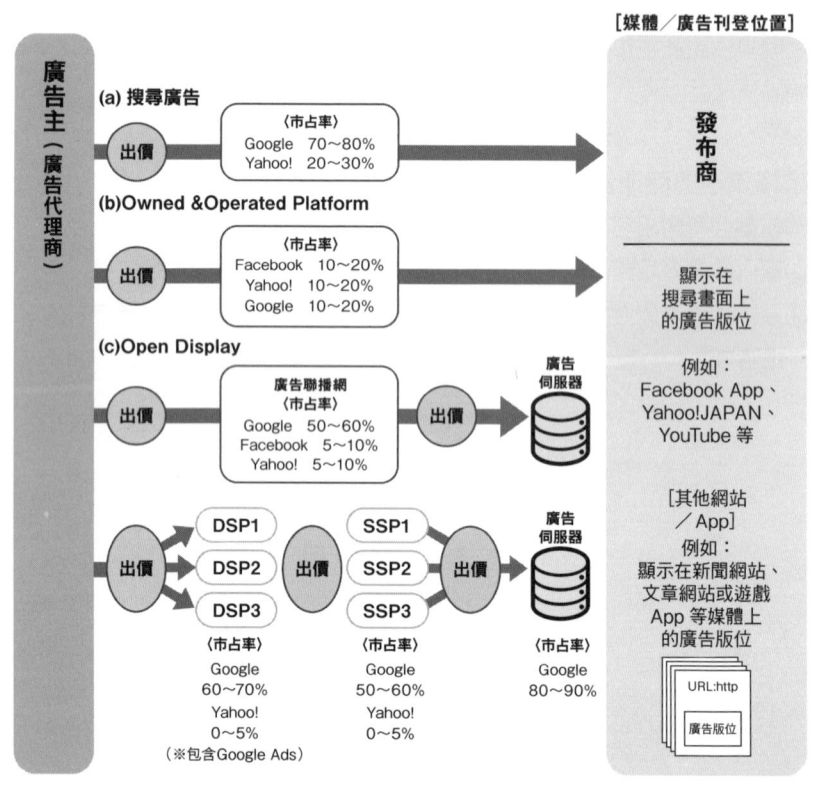

[媒體／廣告刊登位置]

廣告主（廣告代理商）

(a) 搜尋廣告
出價 →〈市占率〉Google 70～80%　Yahoo! 20～30% → 發布商

(b) Owned & Operated Platform
出價 →〈市占率〉Facebook 10～20%　Yahoo! 10～20%　Google 10～20% → 發布商

(c) Open Display
出價 → 廣告聯播網〈市占率〉Google 50～60%　Facebook 5～10%　Yahoo! 5～10% → 出價 → 廣告伺服器

出價 → DSP1／DSP2／DSP3 → 出價 → SSP1／SSP2／SSP3 → 出價 → 廣告伺服器

〈市占率〉Google 60～70%　Yahoo! 0～5%（※包含Google Ads）
〈市占率〉Google 50～60%　Yahoo! 0～5%
〈市占率〉Google 80～90%

顯示在搜尋畫面上的廣告版位
例如：Facebook App、Yahoo!JAPAN、YouTube 等

[其他網站／App]
例如：顯示在新聞網站、文章網站或遊戲App等媒體上的廣告版位

URL:http
廣告版位

※出處：內閣官房數位市場競爭總部事務局「數位廣告市場的競爭評估 最終報告 概要」
https://www.kantei.go.jp/jp/singi/digitalmarket/kyosokaigi/dai5/siryou2s.pdf

如果對照前述App市場具代表性的參與者，那麼這3個階段的代表就是以下企業：
① nobot公司
② FAN Communications公司與i-mobile公司
③ Google與Meta

以AdMob為例

　　這裡舉個簡單易懂的例子，筆者在Google負責過的App廣告營利產品「AdMob」也經歷過這樣的發展。

　　AdMob創立於2006年，原本是一家針對行動裝置開發展示型廣告的新創企業，由於最早加入當時還算小眾的行動廣告市場，他們的業務也隨著市場快速壯大而在短時間內急速成長。

　　2009年，AdMob被當時在行動App市場沒有產品的網路廣告龍頭Google收購。雖然才創立短短3年多，收購價格卻高達7億5000萬美元左右（約新臺幣240億元）。

　　題外話，當時AdMob日本分公司的負責人是約翰·拉格林（John Lagerling）。他是「日美行動業界的超級巨星」，曾在NTT docomo參與創立i-mode，也曾在Google與Facebook等公司的行動部門擔任重要職位，目前（2023年）是Mercari US的CEO。

　　被收購後以Google的開發資源與資本力，AdMob理應會成長得更加快速——有這種想法是很正常的。然而實際上，AdMob被Google收購後就停滯了一段時間，在日本國內也落後nend與i-mobile這些競爭對手。

　　筆者是在2011年進入Google工作，當時正值整頓階段，有些收購前就待在AdMob的人被調到Google內的其他部門，有些Google的員工則反過來加入AdMob部門。

　　更重要的是技術整合方面。當時分配許多資源給後臺開發，要將本

來完全獨立於Google既有系統的AdMob，整合到Google廣告系統中。

有Google做後盾的優勢

由於不得不將許多資源分配給後端的整合，導致AdMob在急速成長的行動市場上，以及在客戶真正需要的產品主要功能上，落後給日本國內的業者。就算要開發新功能，也得等整合完成才行，否則會造成浪費。因此，要開發追加功能必須等整合完成才行，而這種狀態持續了2年左右。

還記得當時經營nend的FAN Communications公司與i-mobile公司等其他市場參與者的產品，都比自家公司更能滿足客戶的需求，自己卻還得向客戶推銷「上一代」的產品，拜託他們使用。結果當然就跟預期的一樣，不是沒爭取到合約，就是客戶雖然願意使用但成效輸給他們，市占率因而被搶走。

不過，這種狀態並未永遠持續下去。被Google收購所獲得的優勢，在後端的整合結束後，大約從2015年開始就逐漸發揮出來。因為整合之後，廣告主在Google刊登的廣告，能夠直接投放到App上。於是需求力，也就是來自廣告主的購買壓力變得極強。

從前必須拜託客戶「請在（獨立於Google的）AdMob刊登吧」爭取廣告案件，不過當Google擁有的廣告主全變成自己的客戶後，就能超越產品本身的功能差異，憑藉著廣告成本等優勢發揮壓倒性的成效。對於靠競價機制運作的廣告聯播網而言，「有更多的廣告主參與出價」即意謂著得標價格會變得更高，從媒體的角度來看等於是「能以更高的價格售出自己的廣告版位」。

於是使用AdMob的媒體受惠於這個成效，能夠獲得很高的收益（AdMob是用來進行廣告營利的服務，因此「出價金額有多高」是最重要的成效指標）。

見AdMob締造的驚人成果席捲市場，筆者深刻體認到跨國平臺是如

何迎戰對手，以及發揮力量時有多麼強大（不過可惜的是，在AdMob「成長最多」的這個時期，筆者已經離開Google了，因此正確來說筆者是在同一個業界內從旁觀者的角度看著AdMob大顯身手）。

事業能否成功，
取決於反映在數字上的成效而非功能差異

　　另外，這段過程在廣告業界或許有更加顯著的再現性。這是因為，數位廣告的目的幾乎所有客戶都差不多（以App為例，目的就是降低安裝成本與增加安裝次數），機制與格式也很相似（例如Apple與Google的App商店、Adjust與AppsFlyer的追蹤工具、Banner與影片等統一的格式）。

　　如此一來，事業能否成功就取決於反映在數字上的成效，而非功能差異。若要將成效提升至很高的水準，需要的不是業務銷售力，而是研發力、資本力與豐富的使用者資料。

　　大型平臺營運商能站在有利的立場，筆者認為很大的原因就是這類資源十分充足。此外，因為還有從前累積下來的既有廣告主（買家）基礎，才能在市場逐漸成熟時「以眾敵寡」一口氣橫掃市場。

　　如果你從事的是未來有可能與跨國大企業競爭的事業，希望以上的內容能提供一點參考。

POINT

- App廣告跟網路廣告一樣，隨著市場的成熟，Google與Meta等跨國企業逐漸擁有比日本企業更強的力量。
- 跨國企業之所以能增強競爭力，是因為提高廣告產品成效所需的研發力（資本力）與資料量遠勝於競爭對手。

Chapter

4

認識行銷指標

對廣告活動而言重要的是「成果」,
相信大家都同意吧?
此外,要測量「成果」就需要專業知識。
本章就來解說,
與App行銷最重要的要素「測量」
有關的各種概念。

測量的相關概念

假如你是App的廣告活動負責人,你認為要產出多少成果才能算是「成功」呢?該用什麼樣的指標來衡量成果呢?獲得的使用者能夠帶來多少收益呢?本節就來談談,能將這些答案可視化的「測量」吧。

測量的3個基本步驟

App行銷的成效衡量可分解成3個步驟。

測量的3個步驟
1. 測量投入的廣告預算之成效(顧客取得成本)
2. 計算獲得的顧客之終生價值(LTV)
3. 驗證「收入」與「支出」的平衡(ROAS、單位經濟)

請問各位是如何定義「廣告宣傳」的成敗呢?如果是很難正確測量的線下活動或品牌型廣告,有些公司可能會重視「是否在規定期間內按照預算執行活動」;但如果是數位廣告,成果就能透過數字可視化,因此千萬不能忽視這個部分。

現在仍然很常見到最為重視「以多少效率獲得了多少顧客」的情況。也就是認為,獲得新使用者所花費的成本越低越好,獲得的使用者則是越多越好。乍看之下這似乎是正確的想法。

但是，即便用再低的成本獲得顧客，要是這些顧客幾乎都不肯花錢、不與自己交易那就沒有意義了；反之，就算顧客取得成本是一般的2倍，如果顧客是能獲得消費金額為一般顧客3倍的優良顧客，這次的推廣就可算是大獲成功吧。

測量與促進事業成長的「行銷策略」有著密切關係

「分毫不差地在規定的預算內進行推廣」是好事嗎？如果必須以「讓經營按照計畫進展」為第一優先，那麼這或許是好事。但是，如果本來預估顧客帶來的收益會超過顧客取得成本，再說得簡單一點，就是明知道「廣告打得越多越賺錢」，卻因為重視預算而只投入低於預算的資金，最後只會造成「機會損失」。以筆者的觀點，這種推廣是難以誇口稱之為「成功」的。

有些更加積極地想讓事業成長的App企業，甚至會採取「只要測量的指標達到目標，預算就沒有上限」這種做法。各位的公司應該多半都在與其他公司競爭，但要是動不動就「嚴守預算」，可能就會面臨「默默看著其他公司搶走市占率」的下場。

只有在能夠測量（包括預測）投入的資金（最適合本書的例子就是推廣費用）已經有效運用了多少，以及能夠從獲得的顧客那兒得到多少收益時，才有辦法訂定出能夠促使App事業成長並且再現性也很高的「行銷策略」。

本節是實踐篇的入口，首先要說明的主題就是測量。請各位一起往下學習吧。

圖 4-01 推廣的成功與不成功

「廣告宣傳」常討論的主題

「以多少效率獲得了多少顧客」

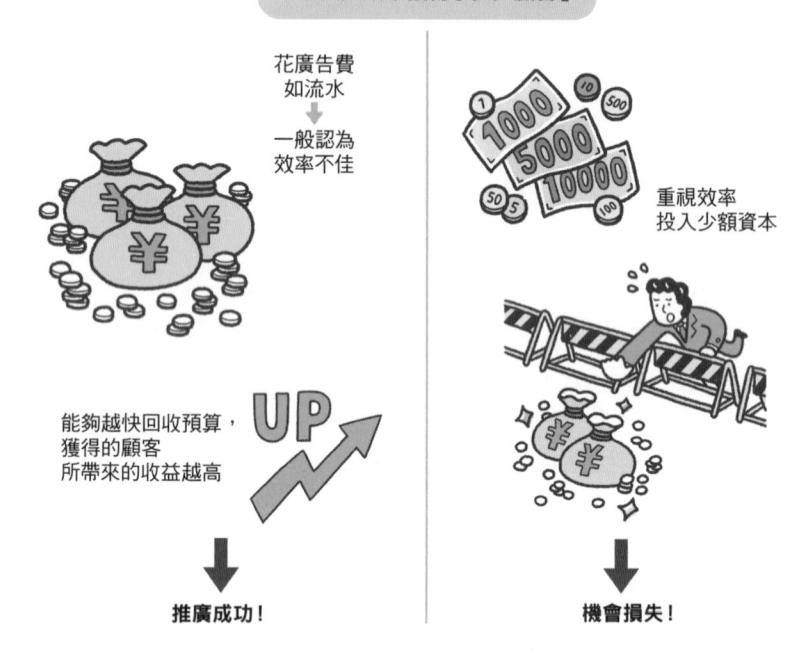

花廣告費
如流水
↓
一般認為
效率不佳

重視效率
投入少額資本

能夠越快回收預算，
獲得的顧客
所帶來的收益越高

推廣成功！　　　　　機會損失！

「領先指標」與「落後指標」

「KPI」是App商務幾乎每天都會使用到的詞彙。這是「Key Performance Indicator」的英文縮寫，直接翻譯成中文的意思是「關鍵績效指標」。另外，在KPI之上還有一個概念被稱之為「KGI」。這是英文「Key Goal Indicator」的縮寫，意思是用來設定最終目標的「關鍵目標指標」。

舉例來說，如果KGI設定為App的「銷售額」，那麼KPI就可以這樣分解。

銷售額＝使用者人數 × 平均每位使用者的銷售額

　　這只是其中一例，除此之外還有無數種分解方式。若要進行分解，應該根據「在事業上重要的是從什麼角度掌握的指標？」、「那是可透過行動獲得改善的指標嗎？」等問題來設定。

　　即便設定了「增加銷售額！」這個目標，也能想到各種實現目標的手段。拿前面舉過的例子來說，「增加使用者人數」也是可行的；就算完全不變更使用者人數，「增加平均每位使用者的銷售額」也能夠提高整體的銷售額。

　　如果把「銷售額」本身當成指標看待，就沒辦法採取可直接改善的行動。不過，如果是「增加平均每位使用者的銷售額」似乎就能舉出幾種手段。例如：

平均每位使用者的銷售額＝購買單價 × 購買次數

　　像這樣進一步分解後，就會想到「提高單價」與「增加次數」這2種手段。

　　一如上述這種試圖透過行動來改善目標的直接指標就被稱為「領先指標」，至於會反映出領先指標數值之變化結果的指標則是會稱之為「落後指標」。

　　這裡有個容易掉進去的陷阱是，想要改善而提出的指標其實仍只是「落後指標」，如果真的要改善，就必須找出再分解一層、兩層後的「領先指標」。

　　例如優秀的業務員或業務銷售組織，平常都會掌握各式各樣的指標，例如潛在顧客人數、實際預約拜訪的件數、最後成功簽約的件數等等。如果銷售成績實在不好，就會把「增加洽商件數」設定為目標，接著再往下一層挖掘，找出洽商件數很少的問題到底出在哪裡，例如「潛在的顧客名單很少」、「Cold Call（陌生開發電話）的撥打次數很少」或是

「預約拜訪的轉換率很低」等等情形，這樣才有辦法採取具體且有效的改善行動。

不過，如果想的是「想增加銷售額」，那就只是在追逐「落後指標」，陷入停止思考的狀態。只要準確地掌握「領先指標」，最終就能改善反映結果的「落後指標」。

圖 4-02　落後指標與領先指標

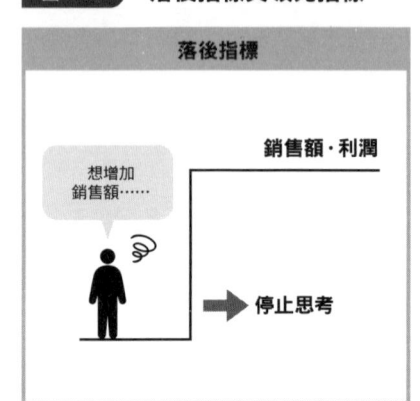

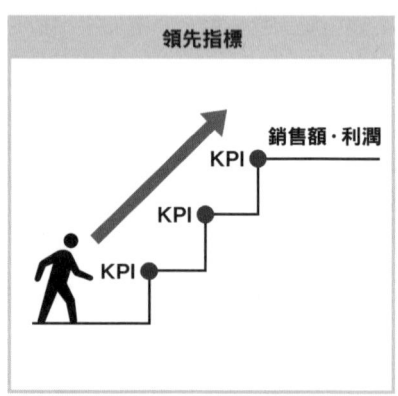

另外，關於分解業務思考對策的手法，坊間有不少書籍都做過介紹。行動行銷業界的大前輩——Moonshot公司負責人菅原健一的《原子思考：減少80％的無效努力，增加1000％的驚人成長》（繁體中文版由平安文化出版）是一本淺顯易懂的好書，想深入瞭解這種手法的人請務必參考看看。

從下一節開始，筆者將詳細介紹App行銷現場所用的、本章開頭提到的三大步驟（各位還記得嗎？）。請在閱讀的同時，想一想哪個可當作領先指標進行改善、要改善的話可以採取什麼樣的行動、能不能設定效果更好的領先指標……等等。

POINT

◉測量的基本步驟,就是測量投入的預算之成效→計算獲得的顧客之終生價值→驗證收入與支出的平衡。

◉要正確地分解App的業務結構,就要設定能夠找出改善辦法的「領先指標」。

CHAPTER_4

1. 測量投入的預算之成效（計算顧客取得成本）

App事業的起點，就是使用者安裝App。只要App不存在於使用者的智慧型手機等裝置裡，別說是展開事業，就連價值都無法提供給使用者。

計算App的每次安裝成本

在進行App推廣的時候，掌握需要多少「每次安裝成本＝獲得1次安裝所花的費用」是非常重要的。每次安裝成本（Cost Per Install，簡稱CPI）是業界使用最普遍的指標之一，在實務上也常被設定為衡量成效的KPI。

App的每次安裝成本是用圖4-03的公式計算。接下來會使用許多英文縮寫用語，不熟悉的人可能會覺得很難記住，筆者會一個一個仔細說明，還請各位努力跟上。

圖 4-03　App 的每次安裝成本計算公式

Cost	1000000日圓
Impression	2000000次
CPM	500日圓{(1000000 / 2000000) × 1000}
Click	20000次
CTR（點擊率）	1.0%（20000 / 2000000）
CPC（每次點擊成本）	50 日圓（1000000 / 20000）
Install	1000次
CVR（安裝率）	5.0%（1000 / 20000）
CPI（每次安裝成本）	1000 日圓（1000000 / 1000）

① Cost：花在廣告上的費用總額
② Impression：廣告的顯示（曝光）次數
③ CPM（Cost Per Mille）：廣告每顯示1,000次所花的費用（每千次曝光成本）

CPM = (Cost / Impression) × 1,000

④ Click：廣告被使用者點擊的次數
⑤ CTR（Click Through Rate）：顯示的廣告被點擊的比例（點擊率）

CTR = Click / Impression

⑥ CPC（Cost Per Click）：廣告被點擊1次所花的費用（每次點擊成本）

CPC = Cost / Click

⑦ Install：App被安裝的次數。或稱為「Conversion（CV）」，意即轉換成顧客
⑧ CVR（Conversion Rate）：廣告被點擊後達成安裝的比例（轉換率、安裝率）

CVR = Install / Click

⑨ CPI（Cost Per Install）：獲得1次安裝所花的費用（每次安裝成本）

CPI = Cost / Install

舉例來說像圖4-03那樣，花100萬日圓宣傳App，獲得1,000次安裝，那麼每次安裝所花的成本（即CPI）就是1,000日圓。

假設你App的CPI目標是500日圓，也就是說必須將顧客取得成本降低到現在的一半。

就算把刊登廣告的費用（Cost）砍掉一半，如果點擊率或安裝率不變，每次安裝成本（CPI）依然是1,000日圓。換言之Cost並非CPI的領先指標。

若要將顧客取得成本減半，反過來說若要使取得效率加倍，將點擊率或安裝率提高2倍會是有效的改善方法。

例如，換上更引人注意的廣告素材，或是將App商店的文字介紹改成有吸引力的內容等，採取這類措施或許就能實現目標（像這樣分解成可透過具體行動獲得改善的領先指標是很重要的）。

單純計算的話，將CPM（每千次曝光成本）或CPC（每次點擊成本）減半，也能將CPI降到一半。不過，CPM或CPC很低，有可能是因為該媒體或廣告版位不受其他廣告主青睞（無論是不是數位媒體，冷門的廣告版位成本都會下降）。

如果選擇這種媒體，點擊率或安裝率等指標有可能變差。要對某個領先指標賦予變化時，一定要監測有沒有對其他指標產生影響。

只要記住這個計算公式，你也能夠將落後指標與領先指標交換過來進行計算。

例如，剛才我們把CPI當作落後指標，並討論要以什麼為領先指標，如果將落後指標改成CPM，這次CPI就成了領先指標。

圖 4-04　落後指標與領先指標

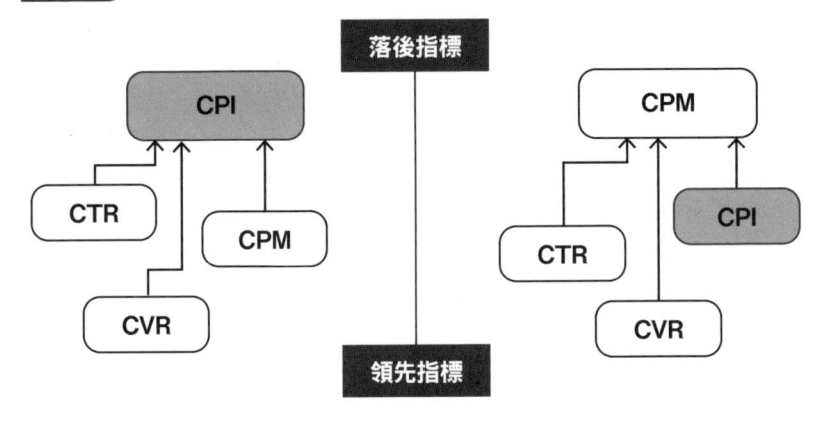

就算廣告主的要求聽起來很任性，
也能夠透過分解縮小範圍

　　上一章提到，廣告聯播網是透過競價進行廣告版位的交易。假如各位為了加快自家App事業的成長速度，想進一步擴大廣告的刊登規模的話，那麼為了在競價之中贏得更多顯示自家App廣告的機會，就會需要「提高每次顯示廣告的成本（CPM）」。換言之，這個時候的落後指標為CPM。

　　影響CPM（落後指標）的領先指標，有CPI、CVR、CPC、CTR等等。如果之前的CPI是1,000日圓，當其他指標不變時，若能夠容許CPI增加到1,500日圓，那麼CPM也能變成1.5倍，於是就能擴大廣告的刊登規模。

　　反之，如果不容許CPI變高，只要不改善CVR或CTR等指標提升效率，廣告投放金額就不會增加。
　　在這種狀況之下就算廣告主方面提出「雖然想要投放更多的廣告來增加App的使用者，但是可以的話希望顧客取得成本不能有所增加」這

種行銷人員聽起來很任性的要求，不過只要像這樣子進行分解就能夠進一步縮小改善目標的範圍，得知「只要改善哪一個指標就好」、「可以想到什麼樣的改善因應對策」。

提高LTV

看完到目前為止的內容並且也理解上述說明的讀者，應該已經明白了「提高顧客取得成本的容許值」可以有效加快運用廣告使App事業成長的速度吧。

但是，盲目地提高顧客取得成本不僅會壓迫自家公司的利潤，最嚴重時甚至還會出現「收支逆差」，也就是藉由廣告獲得的使用者越多，虧損越多。

想要維持健全的利潤水準並且提高顧客取得成本，關鍵就是要提高每位使用者的收益性，也就是所謂的顧客LTV（Life Time Value，終生價值）。

因為確確實實賺到錢、提高收益性能成為一股很大的推進力，使企業更加積極地向使用者提供服務。

這就是為什麼我們希望「只對打造好服務感興趣」、「不想去考慮賺錢的事」這類有匠人精神的人士，同時也要為了把「將服務提供給更多的人」視為重要使命的行銷人好好面對營利的問題。下一節就來為大家詳細說明LTV。

POINT

- 「安裝」是所有App事業的起點,因此要瞭解獲得「安裝」所需的費用(CPI)。
- 計算這類指標時,經常會用到3個英文字母組成的術語,因此要記住計算公式以及這些術語之間的關係。

2. 預測獲得的顧客所帶來的收益（LTV）

我們在上一節學到測量「獲得1名使用者要花多少成本」的手法。接著來學習測量、計算「可從1名使用者身上獲得多少收益」的手法吧。

LTV的計算方式

1位使用者願意為了該服務掏出多少錢，這個指標稱為「顧客終生價值（Life Time Value，簡稱LTV）」。只要知道LTV，就能得知「獲得1位使用者，成本最多可以花費多少（能否回收這筆費用）」這個重要議題的答案。

配合商業模式設定計算公式

LTV有各種計算方式。重要的是，要配合商業模式的特徵設定計算公式。

以遊戲為例，使用者透過App內購買功能逐次付費的商業模式，以及像月費制的隨選視訊或企業用工具這類採定額付費（訂閱），讓使用者在特定期間支付特定金額的商業模式，兩者的LTV計算方式與準確度大不相同。

圖 4-05　**LTV的計算方式因服務類型而異**

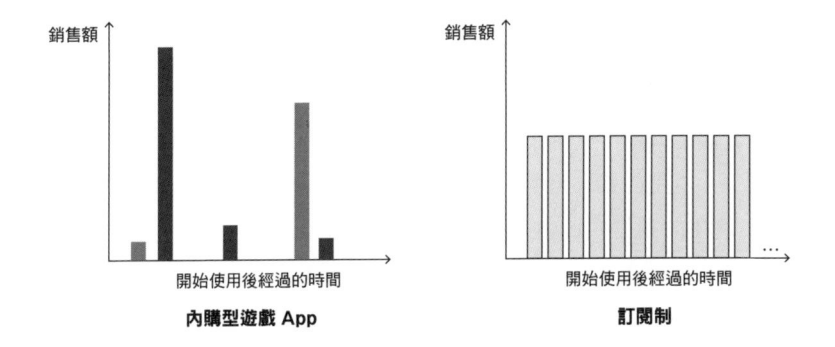

內購型遊戲 App　　　　　　　　訂閱制

後者訂閱制的商業模式以「SaaS（Software as a Service，軟體即服務）」等業界為代表，LTV可用「每段時間的銷售額 × 平均留存時間」這個較為簡單的公式計算（關於這個部分，P117的專欄②「SaaS模式所用之漂亮的LTV計算邏輯」中有稍微專業一點的解說）。

這裡就以前者的「各使用者一定期間內的銷售額不固定」之情況為例，談一談具體的LTV計算方式。我們就假設推出了以付費或廣告來營利的App吧。雖然無論哪種商業模式，基本概念歸結起來都一樣，不過筆者想特別針對常用廣告營利的App事業來討論。

那麼以下就來解說計算LTV的三大方法。

①App推出後已經過一段時間的情況

最單純簡易的方法，就是用至今的「累計使用者人數或累計下載次數」除以至今的「累計銷售額」。

舉例來說，假如過去2個月的累計銷售額是200萬日圓，累計使用者人數為10萬人，那麼LTV就是20日圓。

就像理科題目常會加注「在不受○○影響的情況下」之類的說明，這個計算方式有幾個前提。理由如下：

①較近期成為App使用者的顧客，對累計銷售額沒有太大影響（不會花費過大的金額）
②增加數量未多到足以嚴重影響累計使用者人數的新使用者

其實嚴格來說，「累計銷售額 ÷ 累計使用者人數」這條算式沒辦法求出LTV。這是因為，計算完全沒考量到「之前」下載App的使用者在「今後」產生的銷售額。

不過，在已有一定程度的使用者人數與銷售額，而且除法的「分子」與「分母」都以差不多的速度上升的狀態下，這個計算結果通常會很接近LTV（理論上，只要將期間無限拉長，計算結果就會等於LTV）。

適合這種計算方法的，是推出後已經過一段時間，確定數字的增加速度沒有太大變動的App。

如果不是這種App，使用這個計算方法會算出錯誤的LTV。例如以下的情況。

- 如果LTV因改善App或實施活動而上升，近期的LTV就會變得很難正確掌握，因為會被改善前的LTV影響。這種算法的缺點是太慢才注意到App的收益性提高，因此很難機動變更策略或戰術
- 不能用來計算推出初期的LTV。下載與註冊會員，是算在使用者安裝App的當天，但銷售額是之後過了一段時間、於未來持續發生的事。在完全沒有資料的狀態下，無法預測使用者將來願意花多少錢。因此，在App問世的「最初」階段資料並不充足，無法計算顧客的「終生價值」

此外，這種計算方法還有個問題，就是很難討論要改善哪個作為領先指標的KPI才能提高銷售額。

綜合以上幾點，最適合這個方法的可以說就是：推出後已經過一段時間，使用者人數與銷售額的增加速度都很穩定的App，以及像「對答案」一樣根據過去的實績來預測LTV的情況。

②想根據推出初期或最新實績衡量近期LTV的情況

如果想計算推出初期的LTV，或是想得出盡可能反映最新銷售額或使用者人數等資料的數字時，應該怎麼做才好呢？其中一種方法就是「將ARPDAU與平均顧客壽命（天數）相乘」。這需要進行比①更詳細的計算。

LTV = ARPDAU × 平均顧客壽命

ARPDAU為「Average Revenue Per Daily Active User」的縮寫，是「平均1位活躍使用者1天能貢獻多少銷售額」之指標。ARPDAU可用以下公式求出。

（某個期間的銷售額總計）÷（同個期間的DAU總計）

舉例來說，假如推出後第1～7天的銷售額總共是70萬日圓，在同個期間內的DAU（Daily Active User，每日活躍使用者）總計為7萬人（平均DAU 1萬人 × 7天），那麼ARPDAU就是10日圓（70萬日圓 ÷ 7萬人）。計算起來不怎麼困難吧。

接著計算每位使用者的平均顧客壽命（天數）。這個指標是觀測使用者安裝App後到不再使用的這段期間，平均是幾天。

舉例來說，假設我們預測安裝後第2天的留存率是50％，6天後的留存率是20％，30天後的留存率是10％，60天後是0％。如果尚未取得該App實際的使用者留存率變遷資料，通常會根據過去同類型App的傾向進行預測。

為了方便計算，這裡就假設1天有100名使用者首次安裝這款App吧。當今天是第1天時，有100名使用者安裝了App，之後使用人數逐漸減少，1週後這100名使用者只剩下20人。

第1天：使用者100人
第2天：50人（因為第2天的留存率為50%）
第3天：40人
……
第7天：20人

就像這樣。如果第3天到第7天每天減少5人，那麼從第1天到第7天結束為止每日使用者人數累計為300人。

100 + 50 + 40 + 35 + 30 + 25 + 20 = 300

接著同樣來算出第8～60天的使用者人數吧。這裡設置以下的前提。不知道計算公式的人，請自行上網搜尋「等差數列的和」求法。

- 第8天～第30天：30天後的留存率為10%，等於花了23天以相同進度從20人減少至10人

  （20+10）× 23 ÷ 2 － 20 = 累計325人

- 第31天～第60天：等於花了30天以相同進度從原本殘存的10人減少至0人

  （10+0）× 30 ÷ 2 － 10 = 累計140人

由此可知，在第1天獲得的100位使用者於第60天歸零為止的這段期間，每日使用者人數累計是765人（300 + 325 + 140），也就是說這100位使用者的遊玩天數累計為765天，因此1位使用者的平均遊玩天數是7.65天。

在本例中，第1天流失的使用者多達50人，但玩了30天以上的使用者也有10人，因此平均起來玩了1週多。

圖 4-06　使用者人數的變遷

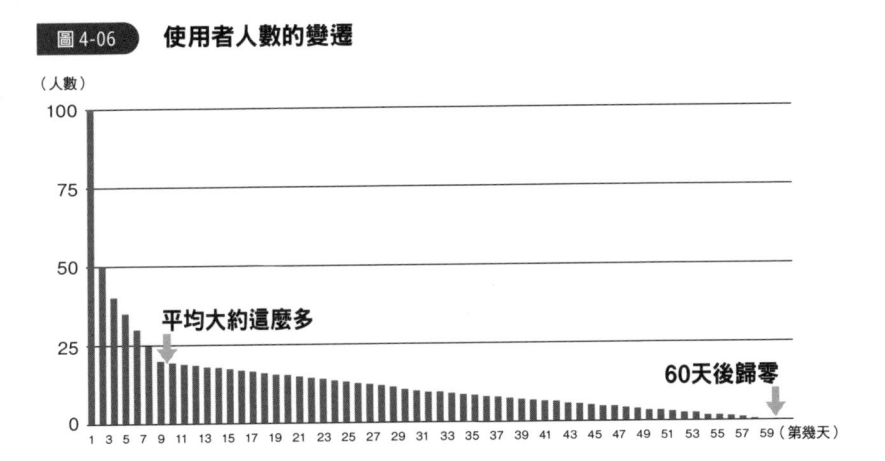

(人數)

平均大約這麼多

60天後歸零

（第幾天）

剛才算出來的ARPDAU是10日圓，因此計算結果如下。

平均1位使用者1天的銷售額10日圓 × 休眠之前平均玩7.65天
＝ LTV 76.5日圓

按照這條計算公式來看，相信大家應該都明白若想提高App的LTV，有「提高ARPDAU」與「改善留存率」這兩大方法吧。相較於①的「銷售額總計 ÷ 使用者人數總計」這種計算方法，②是更容易思考對策的分解方法。

另外，雖然各App的留存率大不相同，不過有公司統計了各類別的平均數值。有興趣的人請務必查詢參考看看。

圖 4-07 **App 各類別的使用者留存率**

各類別安裝後第7天的留存率

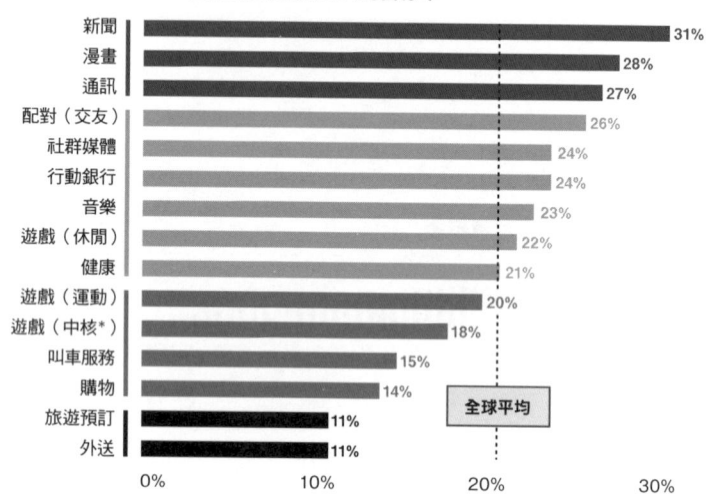

新聞	31%
漫畫	28%
通訊	27%
配對（交友）	26%
社群媒體	24%
行動銀行	24%
音樂	23%
遊戲（休閒）	22%
健康	21%
遊戲（運動）	20%
遊戲（中核*）	18%
叫車服務	15%
購物	14%
旅遊預訂	11%
外送	11%

全球平均：20%

※出處：adjust 股份有限公司　https://prtimes.jp/main/html/rd/p/000000037.000011908.html
＊譯註：中核遊戲 Mid-core games 是指適合中度玩家的遊戲類型，例如 RPG、戰略遊戲等。

③想在推出前模擬推算LTV的情況

前面2種情況是App推出後，根據實際的資料來掌握LTV。不過，有時也會想在App推出前先模擬推算LTV吧。例如，企業為了編制預算而必須訂定業務計畫時。

這種情況也可假設在②中所解說的「ARPDAU × 平均顧客壽命」來進行模擬。

不過，畢竟是在App推出之前，此時還沒有能用來計算ARPDAU的實際數值，所以需要想辦法估計這個數值。這種時候，必須掌握的指標會因App的商業模式而異。

分解並整理這個指標，也能獲得提示來確定要改善的領先指標，並且思考對策，解決①的方法中提到的問題。請各位在閱讀的同時，也一起想一想自家App只要改善哪個指標就能提高LTV。

如果是利用廣告營利的模式
ARPDAU＝1人1天觀看廣告的次數 × CPM ÷ 1000

舉例來說，假設使用者1天開啟2次App，每次都會：
- 觀看1次CPM 500日圓的全螢幕廣告
- 觀看3次CPM 50日圓的Banner廣告

那麼，計算結果如下：

ARPDAU ＝ ｛（ 1 × 500 ÷ 1000 ）＋（ 3 × 50 ÷ 1000 ）｝× 2
＝ 1.3日圓

各個格式的廣告觀看次數，則是透過模擬1天開啟App的次數、每次開啟時會採取什麼行動、經由該行動接觸哪種廣告且接觸幾次……等等來計算。

只要按照廣告格式（例如Banner、插頁式、獎勵影片廣告等形式，Chapter 6會解說這些格式）加以細分，如果是在數個國家都有推出的App則按國家細分CPM與使用者人數再進行假設，就能預測得更加仔細且準確吧。

如果是利用App內購買營利的模式
ARPDAU＝付費率 × 1人的付費金額

跟前例一樣，若要詳細分析，重點就在於付費率，也就是有多少比例的人願意付費。

實際上，使用者可分成願意支付許多費用的人（業界稱為「重度付費使用者」）、願意支付少許費用的人（輕度付費使用者），以及不付費的使用者這3種類型，因此我們必須進行同類群組分析來分析使用者的付費傾向。

舉例來說，假設30天內全體使用者當中有0.1%的人平均花費1萬日圓，有2.9％的人平均花費500日圓，其餘97％的人不付費。那麼ARPDAU的計算結果如下：

（10000 × 0.001 + 500 × 0.029） ÷ 30 = 0.82日圓

提高ARPDAU的方法就是：
- 針對重度付費使用者或輕度付費使用者
- 提高平均付費金額或付費率

除此之外，提高留存率延長顧客的平均壽命，也能夠提高LTV。

最後關於顧客平均壽命的模擬，跟②一樣可利用X天內留存率的積分求出（②的平均遊玩天數，就是用第1天、第2天……到第X天留存率的積分計算出來的）。

各位覺得如何呢？對於各種情況的LTV計算方法，以及為了改善LTV而應該加以改善的指標或是可以採取的措施，是不是有了一點具體的印象呢？

POINT

- App使用者的顧客終生價值（Life Time Value，簡稱LTV）有三大計算方法。
- 計算方法則依照時間點或階段（App推出前或後、推出初期或穩定期）來選擇使用。

App老師專欄②

SaaS模式所用之
漂亮的LTV計算邏輯

採用SaaS模式可做到什麼事？

　　研究LTV時，應該依照商業模式設定計算公式。正文特別介紹了遊戲等按次收費模式的LTV計算方法。

　　本專欄則要為大家介紹，對使用者終生價值與投入成本有研究的SaaS（Software as a Service，軟體即服務），在此領域普遍使用的計算模型。

　　SaaS的前提是，在特定期間內，1位使用者依照價格方案支付特定金額（例如月費）。因此跟隨機發生App內購買的模式不同，能夠以月或年為單位統一各個期間的銷售額（如果有按量收費的要素，就需要計算平均月額或年額，這裡則簡化，假設都是支付固定金額）。

　　正文舉的遊戲例子，最後是用「ARPDAU × 平均顧客壽命（休眠以前平均遊玩天數）＝LTV」這條公式來計算。SaaS模式則有幾個變數可以固定，這裡就來為大家解說。

圖 採用SaaS模式可做到什麼事？

	按次收費型 App（遊戲等）	SaaS
使用者	是否開啟 App 每天都取決於使用者本身	簽約期間使用者都必須付費
期間	會有很入迷的時期，也有完全不開啟的時候	容易掌握使用者在哪個月解約「流失」
付費	有重度付費者，也有幾乎不付費的人	根據方案按月或其他時間單位收費

- 由於簽約可跟活躍劃上等號，LTV的基本計算不需要「DAU」的概念，只要考慮ARPA（Average Revenue per Account，每個顧客帶來的平均收益）就好
- 容易根據固定期間（例如：每月）的顧客留存率來計算解約率（流失率）
- 不是以ARPDAU針對各個付費傾向進行同類群組分析，而是方便幫各方案設定ARPA（如果忽略按量收費與按功能收費等情況，幾個方案的付費金額是固定的）

具有這些特徵的SaaS，想計算LTV時一般都會使用以下公式：

$$LTV = ARPA \div 流失率$$

看起來跟前面介紹的公式不太一樣對吧。竟然用流失率來除，這是怎麼回事呢……？

觀察這個公式會發現，它其實是從前述的LTV公式變化而來。

LTV ＝ ARPA × 平均顧客壽命

首先，ARPDAU變成了ARPA。接著來看平均顧客壽命，前述的公式是以原始的「殘存的使用者人數總和」來計算，不過當解約率維持在一定水準時，可用以下這條漂亮的式子表示。

平均顧客壽命＝1 ÷ 解約率（流失率）

解約率可簡單用「解約的使用者人數 ÷ 解約前的使用者人數」來計算。假如每月解約的使用者有100人，月初的使用者有1萬人，那麼每月的流失率為1％，平均顧客壽命就是（1 ÷ 1％），即100個月。

因此可以用「LTV ＝ ARPA ÷ 1％」來計算，應該也可以用「LTV ＝ ARPA × 100」來計算。

如果想從數學角度瞭解「平均顧客壽命＝1 ÷ 解約率」的理由，請自行查詢一下「等比數列的和」。以這個例子來說計算過程如下：

$1 + (1 - 1\%) + (1 - 1\%)^2 + \cdots + (1 - 1\%)^\infty = 1 \div 1\%$

其實跟計算殘存的使用者人數總和是一樣的。

洞察力不錯的人看到這條式子，應該會立刻明白「也就是說，只要解約率減半，LTV就會變成2倍」吧。

大部分的SaaS事業，各期間每位使用者平均收益與解約率都很穩定，因此容易採用這種計算模型。

> 參考

SSaaS 的公式「LTV / CAC > 3x」是怎麼來的？試著分解看看。

https://www.wantedly.com/companies/wantedly/post_articles/136733

以數學證明使用者的平均留存時間可用「1 / 解約率」求出

https://migi.hatenablog.com/entry/churn-formula

3. 驗證「收入」與「支出」的平衡（ROAS與單位經濟）

> 前面解說了獲得1名使用者要花多少成本（CPI），以及獲得的使用者終生可貢獻多少收益（LTV）。最後要為大家解說的是ROAS，只要將此概念結合前面2個概念，即可回答「刊登這個廣告獲得1名使用者時，能夠回收廣告費用並產生利潤嗎？」這個問題。

ROAS不是一天造成的

ROAS是Return On Ad Spend的英文縮寫，它的意思是「廣告投資報酬率」。假如花Y日圓獲得的使用者能帶來的收益為X日圓，ROAS就可用「X（收益）÷ Y（成本）」來計算。這個指標一般是用百分比來表示的。

此外，有個經常與ROAS一起出現的詞彙叫做「單位經濟（Unit Economics）」。

先設定「LTV（每位使用者的終生價值）÷ CPA（獲得1位使用者所花費的成本）」是幾倍，如果這個指標高於目標就會說它「符合單位經濟效益」。

反之，如果獲得使用者所花費的成本，比期待使用者貢獻的終生銷售額高，便會陷入行銷得越用力，虧損就越多的狀態。這時就會說「不符合單位經濟效益」。

休閒遊戲的ROAS衡量方式

如果看了開頭有關ROAS的說明後或多或少產生疑問，代表你是個

很敏銳的人。只要不設定期限,那麼無論過了多久收益(X日圓)都是不確定的,對吧?

當然也可以用前述說明過的LTV來計算,不過如果想要即時測量投放的廣告成效或是價值,一般都是按照幾天到幾週、幾個月的期間來計算ROAS。

以筆者特別熟悉的休閒遊戲領域為例,一般都是測量過去7天到14天的ROAS,或是過去30天的ROAS。有些想以更快的速度推動行銷PDCA的人,甚至會測量過去1天或0天的ROAS。

休閒遊戲大多是靠著讓使用者觀看廣告所獲得的收入來維持事業營運。使用者的行為則有以下特徵:剛安裝時很努力通過關卡(初期每個關卡都比較短,因此一開始會看許多廣告),之後因為看膩了廣告,導致點擊率下滑,CPM也逐漸下降。因此,事業必然會採取在短期內賺取收益的方式。

圖 4-08　休閒遊戲與廣告

※參考:tekunodo「Touch the Numbers」

由於需要以短則幾天、長則1個月的週期推動PDCA,業界才會普遍採用上述的ROAS衡量期間。

即便同樣都屬於遊戲類別,像社群遊戲這類遊戲的情況就不一樣

了。不同於靠廣告營利的休閒遊戲，社群遊戲的收益主要來自App內購買，使用者一般會購買遊戲內的虛擬貨幣，然後為了取得角色或武器等遊戲道具，或是為了加快過關速度而支付貨幣。

因此，這類遊戲的特徵就是：初期先讓使用者免費遊玩一陣子，「等到使用者入迷後才收費」。雖說每款App的情況不盡相同，但除非目標是安裝第1天就有許多使用者付費，否則ROAS的衡量期間還是拉長一點可能會比較好。

日本的App企業往往將回收期設定得較短，
並嚴格衡量廣告的投資回收情形

另外，與其他作品合作或舉辦週年慶等活動促使付費收益出現波動，或是扣款時間取決於行動電信業者等情況也一樣。由於這時可能會設定「在某個特定期間內收回銷售額」這種特別的日程，衡量時也需要留意這一點。

舉例來說，本來可以期待在安裝20天後一口氣獲得使用者貢獻的收益，假如是用截至第14天為止的資料計算LTV，就無法正確評估是否符合單位經濟效益。

就筆者所見所聞的經驗來說，日本的App企業往往將回收期設定得較短，並嚴格衡量廣告的投資回收情形。印象中，海外的企業因為中度付費使用者偏多，ROAS的衡量期間會取得長一點（不過，推動PDCA的週期未必很長）。

比較可容許的回收期間長與期間短的情況會發現，期間長的就算顧客取得成本高一點也能認為「符合單位經濟效益」，因此能夠採取更積極的策略來獲得使用者。

不過，如果是「90天內回收50％，剩下的180天內要100％回收」這種長期計畫，就必須仔細監測「真的能在第91～270天內回收顧客取得成本的50％嗎？」等部分，否則會有單位經濟效益在不知不覺間惡化的

風險,因此要注意。

上述是遊戲的例子,如果是不同的App類別應該就需要重新調整衡量方式。希望各位明白,計算的期間非常重要,必須先仔細思考願意付費的使用者之行為特性,以及安裝App後的使用者旅程,再來設定計算的期間。

該怎麼做才能提高廣告的成效?
～從數字到策略～

前面學習了廣告基本的成效衡量以及事業的驗證週期。那麼,實際準備好測量這些指標的機制後,該如何思考對策才好呢?

這裡的重點便是在於,前面小節提及的「領先指標」與「落後指標」這2個概念。

以經常被設定為KPI的CPI(每次安裝成本)為例。如果只是單純「想降低CPI」的話就很簡單。例如,只要預算全集中在更有效率的廣告活動上,停用CPI很高的媒體或投放位置就好。但是這麼做的話,獲得的使用者人數或廣告投放金額也會變少。於是就會產生「降低獲得的使用者人數真的符合事業的目的嗎?」這個問題。

因此,必須想出既能盡量維持投放金額與獲取人數,又能降低CPI的方法。那麼該怎麼做才好呢?

「尋找更好的媒體」這個方法當然是有效的。關於這個部分將在下一章詳細解說。

可直接改善的兩大要素

持續在同一個媒體(投放版面)刊登廣告時,有兩大要素可直接改善(這類可改善要素在日本業界常稱為Lever)。

一個是CTR(Click Through Rate,點擊率),這是衡量「在廣告

被顯示的次數中，廣告被點擊了幾次」的指標。如果有更多人點擊，那麼當花費了一樣的廣告費用時，願意安裝App的人就會增加。因此這時要採取的對策，就是變更或改良廣告素材（Creative），讓使用者更感興趣，更想要點擊廣告。

另一個是CVR（Conversion Rate）。這裡暫時將CV（Conversion）定義為安裝App吧。所以，CVR是「在廣告被點擊的次數當中，有幾次達成安裝」的指標。

使用者點擊廣告後，會前往App Store或Google Play等App商店。商店的頁面上，一般刊有文字說明與截圖等要素（廣告素材），只要將這些要素變得更吸引人，就能讓使用者更感興趣從而願意安裝App。這種行銷手法稱為ASO（App Store Optimization），即應用程式商店最佳化。

使用這種方法改善CVR後，廣告的效率就會獲得改善，既能維持廣告投放金額，又能以更便宜的成本獲得許多使用者。

最積極進行這種改善活動的，是超休閒遊戲（HCG）領域的遊戲App開發者們。筆者也跟許多HCG開發者共事過，當中就有開發者只用數十日圓這種低到令人驚奇的CPI獲得使用者。

之所以能夠實現這種事，是因為CTR與CVR這2項指標都在10％以上，保持很高的水準。尤其這個領域的推廣，特徵是遊戲門檻很低，任何人都可以輕鬆遊玩，而且廣告素材（主要為影片）很有吸引力，任何人一看都會萌生「想玩！」的念頭。觀看廣告的人當中，10人就有1人以上會感興趣而點擊；點擊廣告的人當中，10人就有1人以上會實際安裝App，這是其他領域不可能達到的水準（成功的遊戲數值會更高）。

而且安裝之後，從教學關卡到正式進入遊戲玩得入迷為止，也都設計得讓人離不開遊戲。筆者認為，這個領域非常積極地進行研究與探索，他們將遊玩的樂趣與爽快感等右腦掌管的感性與藝術部分，反映在可以測

量的指標上，並且仔細地高速推動PDCA。

不可只是盲目追逐別人給的某一項指標

有一點要注意，那就是CTR與CVR的標準數值，會隨著廣告格式或媒體而有很大的不同。

例如Apple Search Ads（App Store上的搜尋廣告，簡稱ASA），是當使用者搜尋App的名稱等關鍵字後，於搜尋結果頁面上顯示關聯性高的廣告，因此CTR或CVR的數值自然很高。畢竟使用者是特地搜尋特定的App或是特定用途的App，所以下載意願高的使用者都會接觸到廣告。

反觀Banner廣告等格式，通常CTR就會比影片廣告或是搜尋廣告低得多。但因為其CPM很便宜，以顧客取得成本（CPI）或ROAS來看有些時候其實很划算。要是為了降低CPI而決定「停用CTR或CVR不佳的媒體與格式」，可能就會有連「貢獻度其實很高的東西」都一併停用的風險。

先瞭解廣告格式與媒體的特性，然後在相同條件下，用本質上很重要的指標來進行比較。必須先做到這一點，否則無法做出正確的行動決策。請各位一定要注意。

最後，即便順利地成功降低CPI，仍有可能因為自己的判斷，錯失「顧客取得成本高但是LTV更高的使用者」，也就是那些「ROAS很高的使用者」。

改變一項指標時，別忘了要時常全面監測有無其他指標受到影響而出現意外的變化，以及整個事業是否朝著好的方向發展。

行銷人即是經營者。如果只是盲目追逐別人給的某一項指標，很難稱得上是創造價值對事業做出貢獻，大家要銘記在心喔！

POINT

- 要瞭解CPI（每次安裝成本）與LTV（顧客終生價值）的概念，學會評估ROAS與單位經濟。
- 決定重要指標並準備好測量機制後，就可以採取改善該指標的對策。

App老師專欄③

不老實的廣告素材

安裝的遊戲內容跟廣告上看到的不一樣?

　　在業界待久了,偶爾會遇到「這個廣告的成效確實不錯,但對使用者有幫助嗎?」這個問題。例如遊戲的廣告,使用跟實際的遊戲內容完全不同的素材打廣告是十分常見的情況。

　　在智慧型手機上看過這種廣告的人應該不少吧?

「廣告的遊戲畫面」

「實際的遊戲畫面」

※出處:【內容不一樣】
來解說廣告詐欺多的手遊廣告問題!
https://jp.spideraf.com/media/articles/mobile-game-ad-fraud

很期待廣告呈現的遊戲內容而安裝App的使用者，實際試玩之後應該會覺得「奇怪！」吧。

這種廣告之所以一直被運用在行銷策略上，其中一個背景因素就是安裝App的使用者當中，有不少人就算遊戲內容跟廣告不同仍然願意繼續玩；另一個背景因素是，顧客取得成本能比使用實際的遊戲畫面刊登廣告時更低。換句話說，若以CPI或ROAS等指標來看，會認為這個廣告素材的成效很好。

難道沒有違法性嗎？
在投放的廣告中使用與實際遊戲時相差甚遠的素材，難道不會違法嗎？這種行為，在日本有可能觸犯《贈品標示法》。《贈品標示法》有以下規定：

【優良誤認】（贈品標示法第5條第1號）
業者在銷售自己供應的商品或服務時，針對其品質、規格及其他內容，不得向一般消費者：
（1）宣稱比實際的商品或服務更加優良
（2）背離事實，宣稱比競爭業者的商品或服務更加優良
禁止不當引導顧客，使用有可能妨礙一般消費者自主進行合理選擇的標示（禁止優良誤認標示）。

※出處：消費者廳「什麼是優良誤認」
https://www.caa.go.jp/policies/policy/representation/fair_labeling/representation_regulation/misleading_representation/

【與誘餌廣告有關的標示】（根據日本贈品標示法第5條第3號規定的公告）
（1）在提出交易的商品或服務未準備交易的情況下，對於該商品或服務的標示

（2）在提出交易的商品或服務供應量明顯有限，卻未明確記載限量之資訊的情況下，對於該商品或服務的標示

（3）在提出交易的商品或服務的供應期間，提供給每個供應對象或顧客的供應量分明有限，卻在未明確記載限量之資訊的情況下，對該商品或服務的標示

（4）在妨礙交易成立且無合理的理由，或者實際上無意進行交易的情況下，對於該商品或服務的標示

※出處：消費者廳「與誘餌廣告有關的標示」
https://www.caa.go.jp/policies/policy/representation/
fair_labeling/representation_regulation/case_002/

當業者被認定使用優良誤認標示或與誘餌廣告有關的標示時，日本消費者廳長官會對該業者採取處置命令（要求業者改善、不得再犯之命令）等處分。然而就筆者所知，目前還沒有聽過這種廣告遭到大力取締的案例。

筆者不是法律專家，故無法判斷前述的廣告是否觸犯法律，不過無論如何，行銷人都必須時時注意廣告素材有無這種違法性吧。但也不是只要不違反法律，做什麼都沒關係……。

對成功的貪婪
雖然聽起來像一則笑話，不過海外某家遭受這類批評的遊戲公司，甚至把廣告成效不錯的小遊戲（例如「拔針遊戲」）當作副內容放進遊戲裡。目的就是要告訴大家：「我們宣傳的是實際出現在遊戲裡的東西，這樣你們就不能說我們詐欺啦！」這算是一種反向發想嗎？總之這種為了成功，任何可行的辦法都願意一試的精神值得讚賞。

會進行這種勉強講好聽點算是「具挑戰性的」嘗試之業者，絕大多數是海外的App公司。或許是出於「想改善廣告的成效，使事業成長得

更快、更大」這個動機，他們往往會以驚人的速度不斷嘗試各式各樣的廣告素材。而且當他們發現某家公司的成功模式時，橫向推展（模仿？）的速度也快得令人瞠目結舌。

　　日本App企業的行銷很守規矩，以業界道德而言這一點值得肯定。但是反過來說，這也代表日本企業對成功的貪婪程度比不上海外企業，不是嗎？個人也認為，這應該就是日本的App市場逐漸被海外勢力搶走市占率的原因之一。

Chapter

5

App行銷實踐篇
- 獲得使用者 -

前面談的大多是理論性的內容，
從本章開始則進入實踐性的內容。
App行銷最普遍且最重要的一個目的
就是「增加使用者」。
那麼，該怎麼獲得使用者才好呢？

給預算做最佳分配的思考程序

有許多方法可以增加App的使用者、提升安裝次數。本章就從再現性更高、更容易帶來巨大影響的觀點出發,主要針對利用數位廣告獲得使用者的方法進行解說。

App廣告的媒體規劃

我們在Chapter 2談到了「媒體規劃」的基本概念。所謂的媒體規劃,就是決定廣告預算要分配給哪個媒體,以及要如何分配。

即便要運用的是App廣告,概念與做法也沒有太大的差異。基本上,針對目的給預算做最佳分配是很重要的。舉例來說,就算要獲得使用者,使用者也可分成以下幾類:

・之前不曾使用過這款App的「新使用者」
・雖然安裝了這款App,卻很久都沒有開啟的「休眠使用者」
・雖然以前使用過這款App,但現在已經移除(從裝置刪除)的「流失使用者」

目前App行銷大多仍以「有幾名新使用者安裝」這項指標來衡量結果,但實際上若是獲得安裝App卻不使用的使用者,或是不會帶來收益(例如不願意付費)的使用者,那麼縱使獲得的人數再多也無助於事業的成長。

不光是新使用者而已,那些曾對App感興趣而下載安裝的「休眠使用者」與「流失使用者」,或許也可以考慮設法使他們再度開啟App,從

而提高App的使用頻率與銷售業績。但前提當然要是，過去的安裝量必須達到一定水準，否則這麼做只是在努力觸及為數不多的目標對象，很沒效率。

商業上基於使用者行為的規劃方式

認為光是獲取安裝成果對事業也沒有多大的意義，因而設計以下這類重視業務影響的KPI也是很常見的情況。

· 留存率或ROAS（廣告投資報酬率）
· 安裝之後註冊會員
· （物品或App內道具等的）初次購買或初次付費

　要把什麼設定為KPI、要選擇哪個媒體、廣告的主要訴求是什麼等等，取決於App公司希望安裝App的使用者採取什麼樣的行動。筆者常聽到的做法是，找出「採取這項行動的使用者，之後會比不這麼做的使用者更加活躍」的行動，將之設定為安裝之後的目標。

　舉例來說，如果是社群媒體，或許會發現「只要追蹤7名使用者，留存率就會變成3倍」這項法則。如果是要註冊會員的服務，或許會發現「初次開啟時就註冊的使用者，願意開啟第2次的比例高達50％」。以後者的例子來說，合理的做法不是以安裝App為目標，而是以註冊會員為目標來進行宣傳。

　不過，這時請仔細觀察、分析是否真有因果關係。舉例來說，假如不是因為註冊了會員才提高開啟率，而是出於「因為使用意願本來就高，使用者當然願意註冊會員並開啟App」這種「隱藏因素」，那麼就算硬要使用意願低的使用者註冊會員，可能也無助於提升開啟率。

　在這個例子中，會員註冊即是安裝後的重要行動，而達成1次會員註冊的成本又可稱為CPA（Cost Per Action每次行動成本或Cost Per Acquisition每次取得成本）。

App行銷人的工作，是增加App的安裝次數嗎？

還是，應該要增加安裝App之後能夠如我們所願地使用App的使用者呢？

這個問題並不會有正確答案。有些公司具有分工體制，將安裝之後的使用者行為交給產品部門負責，至於行銷部門的工作則是把顧客給帶到「入口」。

雖然這只是個人意見，不過筆者不贊同上述這種想法。最大的原因是行銷人（不光是行銷人，還包括所有收錢辦事的專業人士）的工作，最終目標應當是「使雇主的事業成長」。因此筆者認為，不該以「即便品質不好，還是要先以便宜的成本獲得許多安裝成果」為目標，應該把目標設定為「增加高品質的使用者」，然後再設定目標指標，根據資料規劃與執行能最大化指標的行動（例如選擇媒體與分配預算）。

另外，如果只以安裝為目標，有可能在不知情或知情的情況下，把預算浪費在Chapter 8介紹的廣告詐欺上。

應該在什麼樣的媒體或廣告聯播網刊登廣告？

因此在媒體規劃上，「哪個媒體有助於獲得高品質的使用者？」這一點十分重要。

之前也曾稍微提到，有公司能夠測量安裝App後的使用者行為（事件）等部分並提供資料。這種公司稱為Mobile Measurement Partner（行動衡量合作夥伴，簡稱MMP），具代表性的企業有AppsFlyer與Adjust。

這種MMP保有非常多App企業的行銷成效資料，並且會定期公布統計了這些資料的報告（使用「Performance Index」或「廣告平臺綜合表現報告」之類的名稱）。報告是以排行榜的形式，按地區或App的類別公布哪個廣告媒體或廣告聯播網的成效較佳。

▌廣告平臺綜合表現報告（Performance Index）

The AppsFlyer SKAN Index

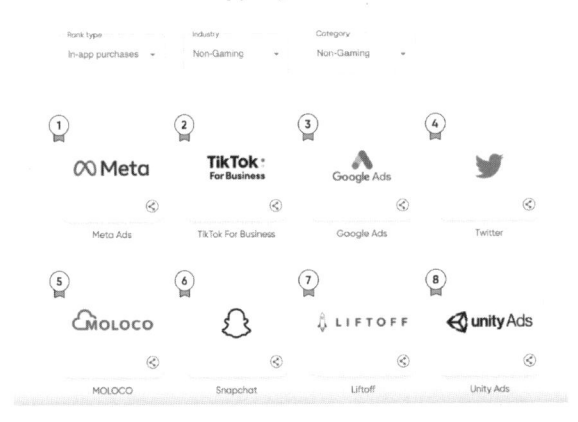

排名	媒體
1	Meta Ads
2	TikTok For Business
3	Google Ads
4	Twitter
5	MOLOCO
6	Snapchat
7	Liftoff
8	Unity Ads

※AppsFlyer（2022年）

　　排行榜是從各種觀點為各家的媒體與廣告聯播網加以排名，例如對App內購買或是廣告收益等營利最有貢獻的是哪裡、有助於休眠使用者重新回歸的是哪裡……等等。挑選適合自己的媒體或廣告聯播網候選者時，可以查看符合自家App的類別、對象地區以及事業目的之排行榜作為參考。

　　不過，如果是AppsFlyer公布的排行榜，這些資料當然就只來自AppsFlyer所測量到的安裝次數與App的使用情形。使用其他追蹤工具的App資料自然就不包含在內，此外使用者還不多的新興優良媒體也不會出現在排行榜上。

當作負評查核的參考資料使用

　　現階段業界普遍認為，AppsFlyer與Adjust等MMP全球市占率很高，擁有豐富的資料，故公布的排行榜理應也比較可以信任。不過，各位要注意，別盲目地過度相信這種排行榜。

筆者推薦的運用方式之一，就是當作負評查核的參考資料。舉例來說，前述AppsFlyer的排行榜有Volume ranking與Power ranking這2種，其中Power ranking的評估標準不只安裝次數，還有安裝後的留存率等有關「品質」的幾項指標。

因此，我們可以觀察「在Volume ranking名列前茅，在Power ranking名次卻很低或榜上無名的媒體，是否代表品質非常差？」或是「在業界存在很久卻榜上無名的媒體，是否其實規模很小，或是品質非常差呢？」

畢竟該媒體的業務員，或是出於某個原因而想販售該媒體的廣告代理商，不會特地告訴我們壞的風評。

另外，筆者在決定轉職要去的公司時，也參考了這些排行榜。筆者當然還有從其他觀點做綜合判斷，不過目前任職的地方也是向來名列前茅的企業。事實上，該企業的廣告成效與健全性等方面都非常出色，因此也提高了筆者心中對排行榜的信賴度。

從名次高者依序分配預算

相信各位只要多觀察幾份排行榜應該就會發現，儘管順序略有前後變動，不過無論哪個地區或類別，名列前茅的媒體或廣告聯播網大致上都一樣。

名列前茅的，有統稱為GAFA的巨型平臺，也就是Google（包含YouTube、搜尋等）、Meta（Facebook與Instagram）、Apple（Search Ads），以及擁有廣大使用者的平臺（X〔Twitter〕、Snapchat、TikTok等等）。

除此之外，獨立的大型廣告聯播網（AppLovin、Unity Ads、ironSource等），以及大型的DSP（Moloco、Liftoff等）也常排在前面幾名。

進行媒體規劃時，只要在具有推動成效功能的PDCA之前的初期設

計階段，從這些名列前茅的媒體以及廣告聯播網依序分配預算，App廣告主應該就不容易面臨重大的失敗。尤其當預算有限時，與其不必要地分散預算，不如將預算好好集中在幾個大型媒體上，更能收到不錯的成效與作業效率吧。

當然，除了大型平臺、廣告聯播網與大型DSP以外，也有其他正在急速成長的媒體或廣告聯播網能獲得高品質的使用者。如果能比其他人更早發現這類媒體或廣告聯播網並加以運用，就能領先競爭公司一步。不過，這當然也有風險。

接下來等資料都齊全後，就試著一面回頭檢視成效，一面適當改變預算的分配，或是試用看看新的媒體或廣告聯播網吧。下一節就來具體解說這個部分。

圖 5-01　從名次高者依序分配預算

在推動成效的PDCA之前的
初期設計階段……

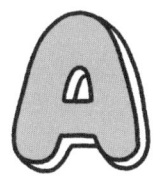

GAFA

從巨型平臺開始依序分配預算，
就不會面臨重大的失敗

> **POINT**
> - App廣告的媒體規劃，可分為基於安裝與基於使用者行為這2種規劃方式。
> - 參考Mobile Measurement Partner（MMP）公布的成效排行榜等資料，選擇應該可獲得高品質使用者的媒體來刊登廣告。

App老師專欄④

App商店最佳化
（ASO）

不花錢就無法提高成功機率嗎？

想獲得使用者有各式各樣的手法。本書主要介紹的是數位廣告，因為再現性高，而且對事業的影響很大。

舉例來說，「出現在電視節目上」這種宣傳手法，雖然非常有助於暫時增加App的使用者人數，但即便邀請到非常優秀的宣傳專員助陣，這種手法的再現性也很低（沒辦法一再刻意使用），得到的安裝次數也只是暫時增加罷了。

不過，如果有數位廣告的技術幫助，就能夠設計出無論明天還是下個月，效果幾乎都跟今天差不多的推廣活動吧。也就是說，每天都能獲得App的使用者，而且只要肯投入預算，還可在短時間內增加數千、數萬次安裝。

但是，難道不花錢就沒辦法刻意提高成功機率嗎？本專欄就來為大家介紹，免費（如果不算作業所花的人事費用）且再現性高，成功時的好處也很大的「ASO」措施。

ASO是「App Store Optimization」的縮寫，意即「App商店最佳化」。網站的SEO（Search Engine Optimization，搜尋引擎最佳化）是一種將經由Google等線上搜尋而來的顧客人數最大化的手法，至於ASO

則是為了最大化安裝次數,而在App Store或Google Play等App商店上實施的措施。

ASO的最終目標是增加安裝次數,中間目標則有3個,分別是「選擇適當的關鍵字」、「提高搜尋排名」,以及「提升App介紹頁面造訪者的轉換率」。

想提高搜尋排名必須先認識演算法

這裡就不按照順序,先為大家解說搜尋排名。請各位在App商店內試著搜尋「遊戲」或「漫畫」等喜歡的關鍵字。搜尋結果頁面上應該出現了許多App吧。

當使用者心想「不知道有沒有這種App」而動手打字進行搜尋時,就算各位的App完全符合使用者的需求,如果沒在搜尋結果頁面上勝過競爭對手顯示在前排,那麼別說是下載安裝了,使用者甚至不會注意到各位的App。

反之,排名越高,造訪App介紹頁面的使用者越多,安裝次數也會隨之增加。

使用的關鍵字越熱門,搜尋的使用者(也就是有可能成為顧客的使用者)就越多,但競爭也會更加激烈。

該怎麼做,才能提高用特定關鍵字搜尋時的排名呢?跟網站的SEO一樣,重點在於「演算法」。

App Store與Google Play的搜尋結果排序,都是由機器按照各自略微不同的邏輯來決定先後順序。而且更加麻煩的是,演算法會定期更新、改變。

例如在2010年代前半期,「關鍵字要包含在App的資訊內,不管是什麼資訊都行」可說是充分必要條件。不光是App名稱與文字說明,連開發者名稱也可以拿來塞關鍵字。雖然聽起來像一則笑話,筆者認識的某家遊戲公司就真的另外成立公司,在字數限制內將「game」、「free」等

可能會被搜尋的關鍵字全塞進公司名稱裡，然後以這家公司的名義發布App。

但是，在那之後演算法卻做了變更，「開發者名稱」對搜尋排名發揮的影響力作用因而下降，App名稱以及文字說明等其他要素的重要性則相對地提高。

由於演算法會定期變更，提高搜尋排名的方法也隨當時的演算法而有所不同。即使本書根據最新的演算法來解說，這些內容也遲早會變成舊知識。因此，筆者想在這裡提供各位2個通用的建議。

第一個建議是，請一定要養成定期調查最新資訊的習慣。筆者平時也會在部落格「Q的雜念記」發表有關最新狀況的文章（內容為日文）。想詳細瞭解演算法的人，請一定要上網搜尋最新資訊。

另一個建議是，調查時一定要參考Apple與Google等經營App商店的企業所提供的資訊。這類資訊可以說是「原文」，如果只看第二手資訊的文章或只聽傳聞並照單全收是非常危險的。

比方像是在2023年7月當時，Apple在自家的官方網站上提供了以下的資訊。

> **參考**
>
> **適合App Store搜索的最佳化**
>
> https://developer.apple.com/app-store/search/

搜尋排名：我們不斷改進App Store上的搜尋方式，讓用戶能獲得最佳的結果。搜尋結果會根據多種因素進行排名，其中包括以下因素（為2023年7月的資訊，最新資訊請以Apple官網為主）：

文本的關聯度：
App 的標題、關鍵字、主要類別的吻合度
用戶反饋：
下載量、評分和評論的品質和數量

　　最後希望大家明白，演算法是 Apple 與 Google 為了「使用者能更容易找到符合其需求的 App」而開發、更新（改善）的機制。
　　假如只是為了能夠顯示在搜尋結果頁面上，而在不含遊戲要素的計算機 App 文字說明中故意加入「遊戲 免費」這組關鍵字，或者只是為了騙過官方演算法而在文字說明內塞進大量的特定關鍵字，這種「破壞使用者之便利性」的小技倆，遲早會因為平臺的演算法更新或是進化而失去意義吧。

選擇適當的關鍵字

　　前面談到提高被搜尋時的排名很重要，不過要實施什麼樣的關鍵字對策才好呢？理論上如果能用所有的關鍵字取得第一名，當然就能最大化安裝次數，但即便以關聯性低的關鍵字取得較高的排名，成效也不大（鮮少有使用者會在搜尋「遊戲」一詞後下載提升工作效率的 App 吧），況且這麼做也要花費龐大的資源。

　　應該特別優先的關鍵字，是「關聯性」與「搜尋量」都很高的關鍵字。所謂的關聯性高，以概念來說就是「用某個關鍵字搜尋 App 的使用者，正在搜尋你的 App 的可能性有多高」。

　　舉例來說，假設各位正在經營相片編輯 App。如果向搜尋「圖片 編輯」的使用者介紹各位的 App，他們應該會覺得「對對對，我就是在找這個」而非常開心吧。

　　如果是使用「IG」一詞搜尋的使用者呢？當中或許還包含了尋找 Instagram App 本身的人，或是在找社群媒體而非相片編輯 App 的人。看來「圖片 編輯」與他們的關聯性有點低。

　　關聯性最高的，就是直接用各位的 App 名稱（不是一般名詞，而是獨有的名稱）搜尋的情況。搜尋廣告或搜尋引擎對策稱這種關鍵字為「品牌關鍵字」。在電視廣告的最後強調「請搜尋○○」並提到服務名稱，就是為了促進消費者用品牌關鍵字進行搜尋，使他們準確地找到自家公司的服務，而不是其他類似的服務。

　　品牌關鍵字是固定不變的，所以也沒必要特別去選擇關鍵字（硬要說的話，公司名稱或是服務名稱是用英文字詞還是拼音標示，確實會影響消費者能否正確記住名稱），那麼其他情況該怎麼選擇關聯性高的關鍵字才好呢？

　　這有幾種方法，其中能夠立刻執行的方法就是發揮想像力。假如你

「希望這樣的人，為了這種用途使用」自己的App，那麼這個對象會用什麼樣的關鍵字進行搜尋呢？

是不是不只使用「相片 編輯」，還會用「圖片 編輯」、「IG 修圖」、「相片 修圖」、「背景 去除」等組合進行搜尋呢？實際訪談App的既有使用者，然後核對答案看看或許也是個不錯的方法。

瀏覽跟各位競爭的App介紹頁面可能也是個好方法。觀察對手是如何介紹App的，以及頁面上所寫的「推薦這種時候使用！」之類的推薦用途等，或許能夠發現自己不小心漏掉的要素或關鍵字（不過，可不能完全照抄喔）。

此時該注意的是「搜尋量」。就算努力將關聯性極高的特定關鍵字搜尋排名提升到第一名，如果1天只有1名使用者搜尋這個關鍵字，那麼1天最多只會獲得1次安裝。

搜尋次數多的關鍵字競爭對手也多，因此必須考慮兩者的平衡，不過原則上，鎖定搜尋量有望達到一定水準的關鍵字來制定對策會比較有效率吧。

要調查特定關鍵字的搜尋量並不容易。如果是網頁瀏覽器的話，可以使用Google提供給搜尋廣告用的「關鍵字規劃工具」來尋找目標字詞，但不能保證在網路上搜尋次數多的關鍵字，在App商店上的搜尋次數同樣很多。

其實，有個可同時解決這個問題的方法。那就是「刊登搜尋廣告」。具體來說，iOS系統就是使用Apple Search Ads，Android系統則是使用Google App Campaign（應用程式廣告活動）。

刊登搜尋廣告來進行ASO的好處是能夠可視化數值。哪個關鍵字被搜尋了多少次、被點擊了多少次、獲得多少次安裝等等，這些通常無法取

得的資訊，能夠以廣告成效的形式呈現出來。

　　舉例來說，假設我們知道搜尋某個關鍵字後造訪App介紹頁面的人，其達成安裝的轉換率極高。這就表示用這個關鍵字進行搜尋的使用者，極有可能正是在找各位的App。此外也能知道這個關鍵字的搜尋次數是多是少。

　　又如果安裝轉換率極高之關鍵字的搜尋排名並不高，就代表著App沒被「只要找到就會安裝的使用者」發現。表示這種關鍵字正是「該實施ASO對策的關鍵字」。

　　此外，在Apple Search Ads的管理後臺，可以用關鍵字建議工具來查找相關字詞，而且該工具還會根據App Store的搜尋顯示出該關鍵字的熱門程度。

※Apple Search Ads
https://searchads.apple.com/jp/best-practices/keywords

　　操作搜尋廣告需要Know-How、人力與時間，此外將資料運用在ASO也不是一朝一夕就能辦到的事。請各位一定要注意，就算要委託外部，也必須選擇具備相關知識與經驗，能將廣告操作與ASO互相串聯的人物或公司。

就筆者所知，Liberteenz股份有限公司是這個領域的翹楚，也有開發自動化工具。本專欄前面提到的「用誇張的公司名稱發布App」的其實就是這家公司，他們透過許多實地經驗獲得最新的專業知識，筆者個人也會定期向他們請教有關ASO或App搜尋廣告的問題。

改善商店頁面的轉換率

選擇適當的關鍵字，並採取提升搜尋排名的對策後，造訪各位App介紹頁面的使用者人數增加了。但是，下載次數卻不如預期那樣成長。這是為什麼呢？

若用一句話來說明，那就是因為沒有讓使用者產生「來下載這款App吧」的念頭。

在App Store或Google Play等App商店的App介紹頁面按下「安裝」按鈕，這個動作做起來並不難，但使用者的心理門檻卻很高。有些人不想在裝置裡放入許多不需要的App，有些人會疑惑這有具備自己需要的功能嗎、跟其他App相比這款App真的是最好的嗎、以前用過的使用者評價如何……從各種角度仔細評估後，只有終於跨越心理門檻的部分使用者才會選擇實際下載這款App。

透過宣傳廣告或是其他行銷活動，讓使用者在實際造訪App商店之前就抱持很高的期待當然也很重要，不過這裡只需考慮造訪App介紹頁面後的事。

相信各位應該都已明白，考量到上述的使用者心理，App的介紹頁面必須做到2件事：用簡單易懂的方式提供使用者需要的資訊，以及帶給使用者安心感。

例如，App可以使用的功能或是辦得到的事、支援的東西與不支援的東西、與使用其他App之間的差異或是最推薦之處……等等，這些使用者應該會想要知道的事，記得要以簡單易懂的方式，一個不漏地簡潔說明清楚喔！

前述的「選擇搜尋關鍵字」在這裡也是有效的方法。因為這些關鍵字正是在告訴各位，使用者是為了尋找什麼而造訪App介紹頁面的最大線索。

拿前面的相片編輯App例子來說，如果得知搜尋「IG 修圖」後造訪介紹頁面的使用者相當多，那麼在介紹中提到「也可將圖片尺寸調整成符合Instagram的規格」這一點應該會比較好吧。反之如果不能調整，就有可能讓人覺得「雖然App看起來不錯，但不知道能不能用來調整要上傳到IG的圖片，所以還是選擇別款App吧」，導致潛在使用者在最後關頭溜走。

傳遞資訊的地方不只App的描述。可視度最高且具影響力的截圖（也可刊登影片）、圖示、App名稱等，App介紹頁面上使用者能看到的所有資訊都是要傳遞的部分。

就拿App商店中的截圖來說，光是這一個要素就包含了非常多的變數。要刊登App的哪一個畫面、要加上什麼樣的文字說明、要用什麼顏色或是尺寸的文字、要用直式圖片還是橫式圖片⋯⋯除此之外，App Store與Google Play向使用者呈現的方式還各不相同（例如以直式或橫式呈現時，在畫面上占據多少面積），因此在這2個商店使用相同的圖片並非最佳的做法。

關於這個部分，包括設計的好壞在內，並無一個適用於所有App的正確答案。我們必須建立假設，進行實驗，然後邊觀察資料邊朝著更好的狀態持續改善。幸好這2個商店都有提供可對App介紹頁面的各個要素進行A/B測試的功能。

此外還有一個各位無法直接控制，但使用者經常查看的地方，就是其他使用者留下的評分（最高5顆星）與評論。

撇開像社群媒體這種半接近基礎設施、「大家普遍都會使用」的App不談，評分與安裝次數（轉換率）是有明確關聯的，筆者也曾聽說只要評

撇開像社群媒體這種半接近基礎設施、「大家普遍都會使用」的App不談，評分與安裝次數（轉換率）是有明確關聯的，筆者也曾聽說只要評分的星數增加轉換率就會飆升數倍。

雖然也存在花錢就能幫忙衝高評分的業者，不過App商店也有開發排除這種假評分或是降低影響度的演算法。令人意外的是，查看評論的使用者一下子就能看出內容是真是假。此外，這麼做還有違反平臺政策導致App被商店下架的風險。

最好的做法，還是要持續提升App的價值，讓使用者願意給予高分（在App內拜託可能感到滿意的使用者留下評論，也是一種有效的辦法），以及傾聽評論與其他的使用者意見，並且真誠地回應吧。如此一來不僅能獲得很高的評分與信賴，對App的留存率與LTV等指標應該也會有良好的影響。

對廣告聯播網的操作也有附加作用

在最後的部分我們來談談，ASO對廣告聯播網的操作上其實也具有加分的效果。

Chapter 4解說了「App的安裝成本計算公式」，而CVR（點擊廣告的使用者當中，達成安裝的轉換率）是CPI（每次安裝成本）的「領先指標」。其實這個CVR在ASO中就等於剛才說明過的「商店頁面的轉換率」，差別只在於入口是搜尋還是數位廣告。

因此，為了ASO而改善App介紹頁面，其實也能同時改善數位廣告的效果。反過來說，如果沒改善App介紹頁面，無論投放多少廣告也不會獲得預期的安裝成果，陷入沒效率的狀態。

另外，選擇關鍵字時要思考「使用者是為了什麼才會想要安裝這款App」，這個答案也可以運用在數位廣告素材的訴求主軸上。

例如我們可以針對廣告聯播網另一端，有「IG 修圖」這個需求的使

筆者在Google、AppLovin、Moloco等幾個廣告聯播網與DSP工作過，發現「製作符合使用者需求的廣告素材」與「改善App介紹頁面」確實對廣告成效有良好的影響。

　App行銷的措施就如上所述，既可套用同樣的概念，又能在各種地方產生相輔相成的效果。希望閱讀本書的各位也能感受到App行銷的這種趣味與深度。

該如何分配各個媒體與廣告聯播網的預算？

大致評估完哪個媒體或廣告聯播網的成效應該不錯後,接下來要怎麼分配預算才好呢?由於很難提供一個任何情況都適用的最佳方法,本節就介紹幾個該注意的地方。

1.刊登的媒體或廣告聯播網的數量與機器學習的關聯性

筆者曾看過某家廣告代理商要提交給廣告主的媒體規劃。這份媒體規劃是將預算細分給大型平臺以及廣告聯播網等總共25個廣告媒體,1個月分的預算合計是200萬日圓左右。但是坦白說,筆者並不認為這是好的規劃。

在這分媒體規劃中,分配到較多預算的媒體頂多也才約20萬日圓左右,當中還有些廣告聯播網只分到1萬～2萬日圓。真的有必要分得這麼散嗎?

其實,的確有需要這麼做的時候,那就是當預算規模非常大時。

廣告媒體有所謂的「最低(建議)預算」。雖然也有媒體是基於業務銷售效率之觀點,按「至少要獲得這麼多預算,否則不符合時間與勞力成本」這個標準來決定,但更重要的是,最近那些由機器半自動操作的廣告媒體都有「至少要投放這麼多廣告並累積資料,否則無法充分發揮成效」這種最低標準。

本章最後的專欄,會為大家解說是什麼樣的系統在數位廣告媒體的背後運作,詳細的內容請看專欄⑤。

在自動化背後運作的ML

選擇廣告版位與廣告素材、決定價格等程序全都必須手動操作的時代漸漸走向終結，廣告操作有更大一部分的工作轉為自動化。在這背後運作的是AI（人工智慧）中特別稱之為ML（Machine Learning，機器學習）的技術。

如同字面上的意思，機器學習就是機器使用大量的資料進行「學習」，然後自行針對被賦予的目標導出最佳行動。反過來說，機器跟能發揮一點洞察力的人類不同，在沒有資料或資料蒐集得不夠多的狀態下，只能發揮有限的成效。

如果分配的預算過少，無論哪個媒體都無法為機器累積足夠的資料，於是就極有可能全都只能發揮不上不下的成效。

與其面臨這種結果，當預算有限時，倒不如乾脆「只在Google或Meta下廣告」還比較好。最初的1個或2個媒體，只要從最主要的媒體當中，挑選適合自家服務或是操作經驗豐富的即可。等出現成效之後，再以「現在是加速前進的時候」為由跟公司內部交涉爭取追加預算，接下來繼續嘗試在其他媒體下廣告。

只在Google或Meta刊登廣告的意義

各位還記得Chapter 2解說過的「邊際成本」概念嗎？

一般而言，對同一個媒體投入的預算增加得越多，取得效率就越低落，安裝成本也會逐漸增加。

背景因素在於，近年各廣告平臺都很聰明，他們會根據得到的預算，盡可能「依序從能夠便宜獲得的使用者開始」獲得使用者。因此，起初會從「能夠有效率地以低成本獲得的使用者」開始依序獲得使用者，但當這種使用者減少後，顧客取得成本就會逐漸增加。

打個不好的比喻，這種情況或許就接近池裡飢餓的魚大部分都被釣走之後，便只剩下不容易上鉤的魚，釣到魚的速度就會慢下來。

或許有人會覺得按照這個想法的話，同樣都是投入100萬日圓，如果將預算分散到Google、Meta、X（Twitter）、Apple、廣告聯播網等媒

體,各投入10萬日圓,那麼顧客取得成本不就會變得比較便宜嗎?這裡有一點要注意。

那就是前述廣告平臺的ML(機器學習),必須要有一定程度的資料量才能運作。

其實進行機器學習後投入的10萬日圓,取得效率會比廣告剛開始投放時的10萬日圓更好,也就是會發生違反前述邊際成本原則的現象。

因此,將小筆預算分散給許多廣告平臺並非明智的做法。如果有100萬日圓,至少要拿50萬日圓左右集中投入某一個廣告平臺比較好,所以筆者才會說「只在Google與Meta下廣告就夠了」。

實際的「最低(建議)預算」因媒體而異。學習所需的資料量或成本不多當然再好不過。畢竟這可是各媒體的產品團隊激烈廝殺、不起眼但很重要的競爭點。

圖 5-02　100萬日圓的預算分配

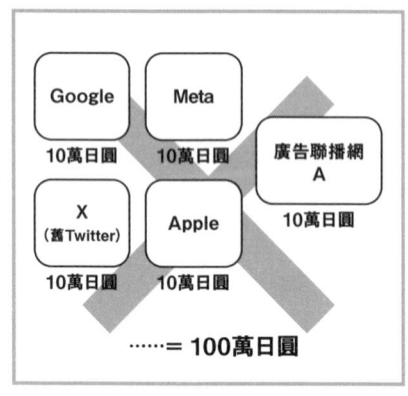

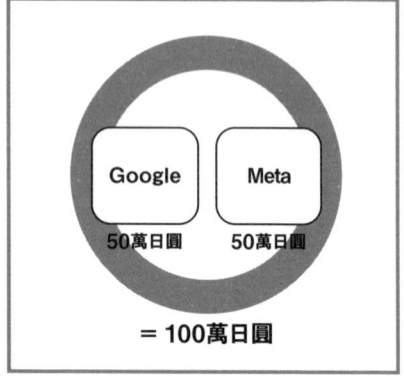

Google 10萬日圓	Meta 10萬日圓	廣告聯播網 A 10萬日圓
X (舊Twitter) 10萬日圓	Apple 10萬日圓	

⋯⋯= 100萬日圓

Google 50萬日圓	Meta 50萬日圓

= 100萬日圓

2.廣告操作背後的人事費用

將預算分配給數個廣告平臺或廣告聯播網,意謂著有多少個媒體,

就得花費多少時間與人力個別進行廣告活動的設定、廣告素材的製作、監控、操作調整等作業。

筆者以前任職的Smartly.io公司，就針對這個問題提供SaaS型解決方案，不僅能夠自動化操作社群媒體廣告，還可以一次製作與上傳大量的廣告素材。雖然使用這類工具，可以減少在數個廣告平臺刊登廣告的作業以及製作廣告素材的時間與人力，但坦白說刊登的媒體若是不多，根本就不需要花費這些時間與勞力。

要耗費多少時間與勞力，就得花多少人事費用，因此這其實也代表廣告費之外的成本會增加；不過，若是將工作委託給廣告代理商，自己也應該要知道多少工作量會被收取多少手續費。

如果是從廣告操作人員層級的角度來看，可能只會追逐CPI與ROAS等數字，不太會注意到這種附隨成本。但若站在經營者的角度來看，廣告操作人員的負擔與人事費用等，這類不會反映在報表上的成本也應該納入考量。

看完以上2點後，筆者認為依照這2個觀點，以下的程序可以說是最好的標準做法。

- 先參考《廣告平臺綜合表現報告》之類的排行榜，選擇成效很高的媒體或廣告聯播網下廣告
- 不要急著增加媒體數量，應該先暫時監測顧客取得成本的增加情形，並給目前刊登的媒體逐漸增加預算，好好操作
- 如果靠目前刊登的媒體越來越不符成效，那就衡量一下增加的人力、時間與顧客取得成本之間的平衡，考慮增加新的媒體或廣告聯播網

次頁圖5-03解說的是在《廣告平臺綜合表現報告》上名列前茅的媒體（廣告平臺）。筆者希望各位行銷人在閱讀這些說明的同時，也要增加能幫助自己判斷的資訊與基準。

圖 5-03　廣告平臺比較表

	在哪裡放送廣告	優勢與特徵	缺點與弱點
Google (App Campaign)	自家媒體 ・搜尋結果頁面 ・Google Play ・YouTube 第三方網站或 App （AdSense、AdMob）	・規模與觸及人數全球第一 ・操作幾乎都自動化 ・可用於從品牌管理到收割的全漏斗行銷	・有部分資料無法觀察（黑箱性） ・測量是按照自己的基準進行，而不是透過 MMP ・部分測量條件與其他媒體不同（如「互動收視」）
Meta	自家媒體 ・Facebook ・Instagram ・Messenger App 第三方網站或 App （Audience Network）	・規模很大 ・操作幾乎都自動化 ・根據自有的使用者資料提供豐富的目標設定選項 ※例如人口統計屬性（使用者屬性）與喜好傾向等 ・獨特的投放版面與廣告格式（例如限時動態與連續短片）	・廣告素材需要量產與最佳化，操作負擔很大 ・必須手動詳細設定 ・很多時候與其自行操作，自動化的成果反而更好 ・測量是按照自己的基準進行，而不是透過 MMP
Apple (Search Ads)	App Store 搜尋結果頁面 App Store 內的展示型廣告版位	・可穩定收割安裝意願高的使用者（CTR、CVR 高） ・沒有廣告詐欺 ・廣告資料也可運用在 ASO 上 ・製作廣告素材所需的人力與時間極少	・選擇與設定搜尋關鍵字費時費力 ・有時會因為關鍵字的搜尋次數少導致曝光量不高 ・測量是按照自己的基準進行，而不是透過 MMP
社群平臺 (X [Twitter])、 Tiktok、Snap 等)	自家媒體（社群的內容動態消息） 部分平臺也會在第三方網站或 App 放送廣告	・獨特的目標設定選項（人口統計屬性、興趣、話題等） ・容易觸及的使用者族群與愛用的國家各個平臺不盡相同 ・有地區性 ・有運用網紅的空間 ・獨特的廣告格式（例如輪播、直式影片）	・廣告素材需要量產與最佳化，操作負擔很大 ・測量是按照自己的基準進行，而不是透過 MMP ・尤其是瀏覽後轉換的設定與歸因期間等，如果採用預設設定大多會不利於廣告主
廣告聯播網 (AppLovin、 Unity Ads、 ironSource 等)	第三方 App（遊戲、漫畫、新聞、集點活動、娛樂等各式各樣的 App）	・放送廣告的 App 種類豐富 ・可在適合廣告主的 App 上放送廣告 ・明確揭露投放版面（位置可以放心） ・有些可由企業自行在管理後臺操作，有些則可幫忙代操 ・有些可幫忙製作廣告素材	・沒有自家獨有的投放版面 ・開始條件以及操作上的訣竅各聯播網不盡相同（例如最低投放金額、最低出價、需要手動批准等） ・測量條件因媒體而異 ・大多會有擅長與不擅長的類別 ・有些公司缺乏日語的支援服務
DSP (Moloco、 Liftoff、 UNICORN 等)	第三方 App（遊戲、漫畫、新聞、集點活動、娛樂等各式各樣的 App）	・可同時在數個廣告聯播網或 SSP 刊登 ・放送廣告的 App 種類豐富 ・不是以版位為單位，而是以曝光為單位進行詳細的最佳化 ・各公司的優勢都不同，例如機器學習技術或廣告素材等 ・不少公司都可即時確認成效或調整廣告的操作	・沒有自家獨有的投放版面 ・開始條件與操作上的訣竅各 DSP 不盡相同（例如最低投放金額、最低出價、需要手動批准等） ・測量條件因媒體而異 ・大多會有擅長與不擅長的類別 ・有些公司缺乏日語的支援服務

願意給各位建議的廣告代理商與媒體代理商等企業應該很多，但千萬別忘了他們是在「最大化自家的業務」這個誘因結構上提供服務。筆者認為，不把蒐集資訊的工作與決策全丟給這類公司，而是先讓自己具備能為自家公司的行銷做出正確判斷的知識，正是行銷人應有的態度。

3.圍牆花園與開放網路

　　前面提到，若要進行機器學習，對各媒體投入一定金額的預算會比較容易獲得好結果。原因在於，要提高數位廣告的成效，機器學習是一個關鍵，而機器學習需要一定數量的資料。

　　行動數位廣告這個領域既巨大又複雜。全球有數十億使用者，光是日本就有大約1億名使用者，他們每天都會在行動裝置上花費幾個小時的時間。世上靠廣告營利的智慧型手機App多達幾百萬個，此外每秒有數百萬個廣告版位在進行交易，就連現在這個瞬間也是如此。

　　因為有即時競價（RTB）等科技，在技術上能夠實現「即時分析龐大的流量，找出最適合各個廣告主的廣告版位與價格，再以毫秒（千分之一秒）的速度出價」這一連串的程序。不過，要實現這種高水準的技術，不可缺少卓越的技術力與強大的運算能力。

　　因此，Google、Meta以及新興勢力TikTok等大型平臺（又稱為「科技巨擘〔Big Tech〕」），紛紛大力投資可提高廣告成效的機器學習技術與伺服器等基礎設備。於是，在Google或Amazon的搜尋結果頁面，或YouTube、Facebook、Instagram、TikTok時間軸頁面（Timeline）等，他們自己的「領地」內進行推廣時，廣告主也得以受惠獲得很高的廣告成效。

帶來高成效的科技巨擘

　　這些科技巨擘企業同時也在搜尋引擎或社群媒體等領域，提供數億

人使用的服務。但令人意外的是,有調查顯示,消費者花在這些巨型平臺上的時間,其實總共只占自由時間的約30％多(OpenX於2020年的調查)。

※ https://lp.openx.com/hubfs/Thought%20Leadership/OpenWeb_vs_WalledGardens_US.pdf

然而前述的調查也指出,這些科技巨擘企業的「廣告市場的銷售額占比」(分到的廣告預算)相當大,約占60％。這些企業想方設法讓使用者留在該平臺,最後擁有了關於使用者屬性與行為的龐大資料。另外,獲得的極高銷售額與利潤,也使他們能夠進行其他企業望塵莫及的技術與基礎設備投資。

於是,他們的廣告平臺各個都規模龐大,能夠帶給廣告主很高的成效。而且從歷史上來看,科技巨擘企業從不將自己的廣告版位釋出給外部的廣告科技企業(例如DSP),而是採取只能透過自家平臺購買的策略。例如YouTube或Instagram的廣告版位,就無法透過Moloco之類的DSP購買。

科技巨擘崛起所帶來的弊害

這種由科技巨擘企業建構的「封閉的」廣告流量稱為「圍牆花園(Walled Garden)」;至於其他可經由RTB等第三方解決方案獲取的廣告流量則稱為「開放網路(Open Internet)」。

前述的「使用者花費的時間不多,但廣告預算卻過度集中在科技巨擘的圍牆花園」這個現況,不只促使歐美的主管機關從《反壟斷法》等觀點進行監督,對各位行銷人而言也是問題。因為換句話說,這代表「使用者花費了許多時間的開放網路,未能分配到足夠的預算」,而發生了機會損失。

不過,為什麼會陷入這種狀態呢?事實上原因並非受到科技巨擘企業逼迫,單純只是因為他們的「成效很好」吧。這種成效的差距,正是科技巨擘進行鉅額投資強化機器學習技術與基礎設備所帶來的結果。

也就是說，在圍牆花園之外廣大的開放網路世界，無法像科技巨擘企業那樣運用那麼高階的技術，也無法獲得很高的成效，所以才無法將預算分配到這裡。

實際上，廣告主與廣告代理商找筆者諮詢時，也大多是問「預算過度集中在科技巨擘」、「如果開放網路有兼具成效與規模的媒體，我們想使用看看」之類的問題。不只日本，這可說是全世界的廣告主都有的課題之一。

努力打破圍牆花園的企業們

其實目前有企業正在努力打破圍牆花園，具代表性的例子就是Chapter 3解說的「DSP」企業們。筆者現在任職的Moloco公司是App領域具代表性的DSP之一，以下就以他們採取的做法為例進行說明。雖然看起來可能像在宣傳，不過筆者在記述時會盡量努力做到公允，還請各位包涵。

Moloco的挑戰

Moloco是由曾在Google擔任YouTube與Android機器學習工程師的安翊鎮（Ikkjin Ahn）等人，於2013年在美國創立的企業。該企業僱用了數百位全球頂尖的工程師與資料科學家，自創立以來一直在精進機器學習技術。

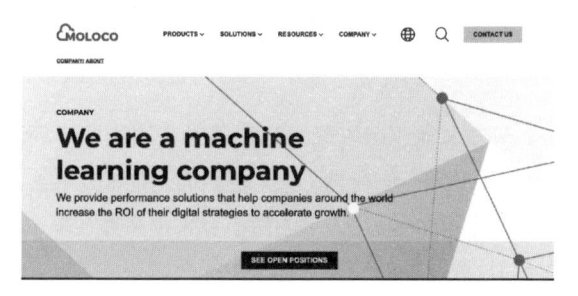

※Moloco https://www.moloco.com/

除此之外也大力投資運算能力與基礎設備，例如伺服器可在1秒內處理數百萬次的廣告請求，1個月可顯示數百億次的廣告。

分析第一方資料可獲得的資訊

因為DSP沒有自己的「領地」，也就是可以用來顯示廣告的網站或App，而是透過RTB向SSP或是廣告聯播網等平臺購買廣告版位。可從這些廣告流量獲得的資料，以及廣告主自願與Moloco分享的自家公司資料（這稱為「第一方資料」，即自己保有的資料），都成為了機器學習的基石。

分析第一方資料，便能預測各廣告主的「有很高機率能成為優良顧客的使用者」之特徵。此外也能針對每一個廣告流量，正確預測那個曝光（顯示廣告）機會對廣告主而言是否有價值、如果是的話具有多少價值，然後在競價中以有可能勝出的最低價格有效率地出價。這一連串的程序每秒會進行數百萬次。

各位試著想像一下「優秀的居酒屋拉客員」，或許就比較容易理解了（請想像沒有違反法令、條例的情況）。假設各位是居酒屋的店長，派兼職員工去拉客。這時有的人會精神奕奕地回答「遵命！」然後來到店外開始向每個路人發送500日圓的折價券。

至於有些表現優秀的兼職員工，則是會先學習自家居酒屋過去的（第一方）資料。然後，從這些資料（即便無關個人資料）獲得了各式各樣的洞見，例如「來店者中穿西裝的顧客很多」、「男女同行的顧客，消費的客單價比只有男性或女性的團體客高出20％」、「從未有顧客穿拖鞋光顧」等等。

接著，為了有效率地運用自己的資源最大化居酒屋的利潤，優秀的兼職員工開始採取「聰明」的行動：只叫住較有可能成為顧客的路人，並向當中客單價可能很高的人發送大額的折價券來提高獲客率。他就這樣一邊拉客，一邊即時反映行動的結果，進一步提高成果。

以上的說明雖然很簡略，不過後者的行動就像DSP所做的「運用第

一方資料」、「透過機器學習進行最佳化」、「從開放網路獲得使用者」。相信各位應該也能感受到，學習的準確度與速度是衡量DSP實力的指標。

提供媲美科技巨擘的解決方案

Moloco的目標是行動領域的「數位行銷與機器學習的民主化」。簡單來說，就是要讓所有的廣告主都能在網路上的所有廣告版位使用最高水準的機器學習技術，而不是只能在圍牆花園內使用。

另外，Moloco認為機器學習「尚未民主化」的領域，並非只有「獲得使用者」這一塊。Moloco不僅針對想獲得App使用者的廣告主提供「Moloco Cloud DSP」，還提供了以下的解決方案。

・「零售媒體平臺」：經營電商網站這類BtoBtoC電子市集的業者，想建立如Amazon那種平臺內廣告業務時可使用的技術基礎

・「Performance Ad Server」：媒體公司——特別是影音串流服務業者，想建立如YouTube那種成效型廣告平臺時可使用的各種解決方案

Moloco透過這些服務，協助沒辦法像科技巨擘那樣進行技術投資的企業，建立媲美科技巨擘企業的商務解決方案。

筆者對Moloco的這項使命有很強烈的共鳴。筆者本身（還有許多同事也是）曾在Google任職，因此可以肯定科技巨擘確實提供了對使用者而言價值很高的服務。但是，在科技巨擘所包圍的生態系之外還有廣大的開放網路世界，想運用廣告促進事業成長的廣告主，以及想靠出色的服務獲利的媒體公司數不勝數。

Moloco想成為行銷人的助力，因此廣泛提供高階的機器學習技術，以避免數位行銷過度集中、依賴平臺，並幫助那些開發對消費者有價值之服務的人們提高其事業的成功機率。

雖然看似繞了一大圈，不過筆者之所以撰寫本書，也是想幫助從事數位行銷的行銷人提升知識水準，希望他們擁有各種正確的技能。Moloco朝向的目標──行銷人的「賦權」，不僅是本書自始至終的主題，也是筆者本身能對行動業界所做的「報答」。

> **POINT**
>
> ● 進行媒體規劃（預算分配）時，要注意分配給媒體的預算別過度分散或集中，也要注意媒體的機器學習所需的最低金額。
> ● 建構推廣體制時，除了花在廣告的費用外，也必須考量支付給廣告代理商的手續費，或是自家廣告操作人員的工作負擔與人事費用。

App老師專欄⑤

應用程式安裝廣告的初期機器學習是靠什麼機制運作？

出價金額的問題

第一次刊登App廣告的客戶，常常會問筆者以下的問題。

「聽說在刊登廣告的時候，『如果一開始把CPI的目標值設定得很低，那麼機器學習就不會進行，完全不會有人安裝App。』或『剛開始一段期間最好將目標CPI設定得很『高』，然後在進行機器學習的同時逐漸降低出價金額。』

話雖如此，如果CPI的出價金額設定得很高，那麼『CPI > LTV』的期間越長虧損就越大，所以我們希望能盡量在短時間內完成學習，到達目標CPI。

出價金額一開始該設定多少、要學習幾天、該以怎樣的速度降低CPI才好呢？」

身處在媒體或是廣告聯播網的業務銷售現場，想必經常會聽到像這樣的說明：

「一開始的時候出價金額最好設定得高一點，等累積足夠資料之後再逐漸降低！」

筆者本身在AppLovin與Moloco任職時，也是這麼向廣告主或廣告代理商說明。這樣說明並沒有錯，不過筆者想站在出錢的廣告主角度，再好好地解說當中的機制。

在Google於2018年11月底發布的網誌文章中有以下的記述。

- 廣告活動預算（每日預算）至少要設為目標CPI的50倍
- 機器學習需要充足的資料量（至少1天50筆以上）
- 改善廣告活動後等待2～4週觀察情況

※出處：[網誌]Google Ads透過通用應用程式廣告活動均衡地最佳化安裝次數
與應用程式內行為（例如購買）獲取次數時的13個建議
https://support.google.com/google-ads/thread/4489960?hl=ja

如果相信Google提出的上述這些建議，那麼就需要準備目標CPI 50倍以上的預算，出價金額要提高到「1天約有50次安裝」，然後持續刊登2～4週。

1天50次這個基準，個人並不覺得有什麼不合理之處。另外，如果是投放位置或觸及使用者人數比Google少的媒體，或是機器學習技術出色的媒體，則有可能用更少的資料進行最佳化。以Moloco為例，將CPI設為最佳化目標時，建議的最低預算基準為每個廣告活動1天有30次安裝，並且持續刊登1～2週。

Google的學習

那麼這裡就來簡單解說，前述建議中初期的2～4週內Google都在學習什麼。

當我們展開新的Google廣告活動時，Google方面是完全沒有關於該廣告活動與App的資料。不過，Google廣告活動有許多用來放送廣告的媒體。因為除了Google搜尋與YouTube、Google Play等Google本身

擁有的媒體之外，還可透過AdMob廣告聯播網投放到第三方App的廣告版位。

如果不先針對這些用來放送廣告的媒體，瞭解哪個廣告會在哪裡獲得幾%的點擊、之後獲得幾%的下載，就無法判斷該以什麼樣的優先順序在哪個媒體投放廣告。

因此，最初會先從各個投放版面上確保一部分「新廣告測試用」的流量，在該版位投放新的廣告活動。然後，開始收集點擊率以及轉換率等資料。

這裡為了簡單地向各位讀者說明，變數只寫了「投放版面」，但實際上應該是運用Google擁有的許多資料（「年齡」、「性別」等人口統計屬性資料，以及「地區」、「興趣」、「在Android系統下還安裝了何種App」等許多的變數），計算（學習）容易達成點擊廣告或是安裝App的條件是什麼。

累積足以信賴的資料量後，如果以每次安裝成本、點擊率、轉換率算出來的CPM（請回想一下Chapter 4解說的行銷指標計算公式），跟某個媒體的最低水準同等或超過這個水準，此媒體測試用之外的（普通的）流量就會被分配出來。這種時候，廣告才能穩定且持續地從這個媒體獲得曝光。
反之，CPM過低的媒體不太會有廣告在那裡投放。這是因為，投放CPM低的廣告案件會損害媒體的收益性，而且持續購買難以帶來成果的流量對廣告主也沒有好處。

接著，機器繼續購買好的媒體，並為了尋找其他合適的媒體而在新投放版面的測試版位投放廣告，成效不好的話就停止使用……。這一連串的測試投放，應該就是在初期的機器學習階段所做的事（由於詳細的做法

與演算法並未公開，以上只是根據公開資訊與筆者可觀察到的資訊所做之推測）。

目標CPI的概念

接下來再次回到這個專欄開頭所提到的、業務員對於機器學習的運作機制說明吧。

假如測試投放時的目標CPI很低，機器判斷的「預估CPM」也會隨之變低。於是，各媒體用來測試的初期流量就會優先分給其他的廣告活動，導致曝光只有一點點，或是完全沒被放送。

因此，如果目標CPI設定得很低，要找到「適合的」媒體就會花很多時間，因為要累積在統計上足以進行判斷的資料得花一段時間。最糟糕的情況是，某媒體其實是潛在「適合的」媒體，廣告卻完全沒在上面放送就結束了。

這裡用Google Ads的說明來想一想。累積足夠的資料所需的安裝次數是「1天50次」×「14～30天（2～4週）」，如果安裝次數有1,500次，在測試了相當數量的媒體後，就能在一定的統計信賴度下判斷適合的投放位置或使用者屬性……邏輯就是這樣吧。

起初需要的最低預算是多少呢？如果是CPI 200日圓的App，大概需要15萬～30萬日圓左右（200日圓 × 750～1,500次）。

最後要介紹的是，筆者實際從Google前同事那兒得知的資訊。關於App廣告活動在刊登初期應拉高出價金額的原因，據說他們是這樣向廣告主說明的：

· Google App廣告活動的測試、學習、修正的「範圍」，會取決於出價金額

- 如果在學習期間以較高的金額進行出價，Google會自動增加「評估的廣告版位」

- 於是，能夠獲得接觸更多廣告格式或受眾的機會，提高CVR增長（或能夠發現增長模式）的可能性

- 只要能發現更多可增長CVR的模式，CPI或CPA大多就會下降

　　相信各位行銷人在瞭解背後的邏輯後應該已經明白，廣告業務員並非只是為了「拉高訂單金額」才建議提高預算。

Chapter

6

App行銷實踐篇
- 營利 -

Chapter 5針對「獲得App使用者」加以解說，並且具體地介紹廣告媒體。
Chapter 6則要針對「如何才能從App（或以App為起點的服務）獲得收益」此問題解說具體的方法。

以App為起點的商業模式分類

聽到「App事業」一詞時，各位想到了什麼樣的事業呢？或許會想到在遊戲App花錢購買遊戲道具、在電商App購買衣服，或是支付月費以使用音樂或影片播放服務。App（或以App為主軸的）事業有各式各樣的商業模式。接下來就將營利方式分門別類，談一談實際建構商業模式的方法吧。

免費App vs 付費App

首先，使用者安裝App的入口，有免費與付費之分。為了獲得遊戲道具而付費的遊戲App或許會讓人覺得是付費App，不過「單純使用App」的話不用花錢，所以這種App歸類為「免費App」。

反之，如果是像以下那種，在App Store或Google Play下載安裝時要付錢的App，本書則定義為「付費App」。

- 用1,800日圓購買《勇者鬥惡龍V》的App後遊玩
- 用100日圓購買方便的行事曆App後使用

付費販售App的商業模式，常用於可提高生產力的工具類App、買斷享受的遊戲（直接把家用主機遊戲移植到智慧型手機上的情況也很常見）等等。

這是因為，跟不會多做考慮能夠直接安裝的免費App不同，使用者在安裝付費App之前會經過更加慎重的考慮。因此，如果不是「使用這款App就能做到（免費App辦不到的）這種事」這類可以帶來明確好處

的工具App，或是使用者已決定如過去的家用主機遊戲那樣「買下這款作品花時間好好享受」的知名IP遊戲等App，要跨越付費的那道門檻應該相當困難吧。

從現實層面考量的話，必須先接觸看看才能知道價值的App，還是當作免費App推出比較保險。實際上，市面9成以上的App都是免費提供下載。

免費App的收益模式

那麼，可免費安裝的App是如何獲得收益的呢？以下就介紹幾個主要的商業模式。

A. App內購買（In-App Purchase）
A-1. 消耗性項目
這是一種使用一次就會消失，可再度購買的付費型態。好比說，購買遊戲App內的虛擬貨幣來抽扭蛋，或是購買漫畫App內的閱讀券來閱讀下一話（這些東西都是沒了就得再度購買）等等，可以說是簡單易懂的例子吧。

A-2. 非消耗性項目
這是一種一旦付費就永遠有效的付費型態。例如在工具類App內購買完全不會顯示App內廣告的權利，或是在拍照App內購買使用新濾鏡的權利等都屬於這種類型。

A-3. 訂閱
這是一種在事先規定的期間內，或是直到使用者自行取消為止都得定期付費的型態。像「月付990日圓」之類的定額制服務就是具代表性的例子，其中Netflix與Amazon Prime等影片串流服務，以及Spotify之類的音樂串流服務都受到廣大消費者使用。此外也有不會自動續訂的型

態，例如在有些交友App儲值後訂閱的「1個月升級方案」。

B. 廣告

這種型態是將App內嵌的廣告顯示在使用者的畫面上，再以廣告主支付的廣告費為收益來源。顯示廣告時、廣告被使用者點擊時，或是使用者點擊廣告後安裝廣告主的App時就會產生收益，這3種營利方式分別稱為CPM收費模式、CPC收費模式、CPI收費模式。

採用這種模式的App種類繁多，例如休閒遊戲、漫畫與新聞等數位內容App、集點活動App與工具App等等。各位使用廣告宣傳自家App時，投放廣告的地方就是這些App。Google與Meta等科技巨擘企業，同樣可以算是靠廣告模式營利。

稍後會再詳細介紹利用廣告營利的Know-How。

C. 服務收益

說到「App事業」時，狹義可能是單指從App內獲得收益的事業，不過廣義還包含了以App為主軸的服務或業務。這裡就拿以Uber Eats為代表的外送（外賣）服務為例來想一想吧。

透過這種服務訂餐後，外送員就會把餐點送過來。使用者既不是購買App內的內容，也沒有被迫觀看Banner或影片等廣告。使用者向餐廳支付餐點費用（再加上給外送員的外送費），外送服務則從中收取手續費。雖然這筆錢是使用者出的，但餐飲店也要負擔部分手續費。

由於App在接觸訂餐的使用者這一點上發揮了很大的作用，將這種服務稱為「App事業」應該不奇怪吧。以Uber Eats為例，與其說使用者是直接付錢給App本身，更正確地說是服務間接透過App獲得手續費收入。總之除了從App本身賺取收益外，也別忘了還有這種「透過App實現服務來獲得收益」的觀點。

圖 6-01　餐廳或外送服務的商業模式

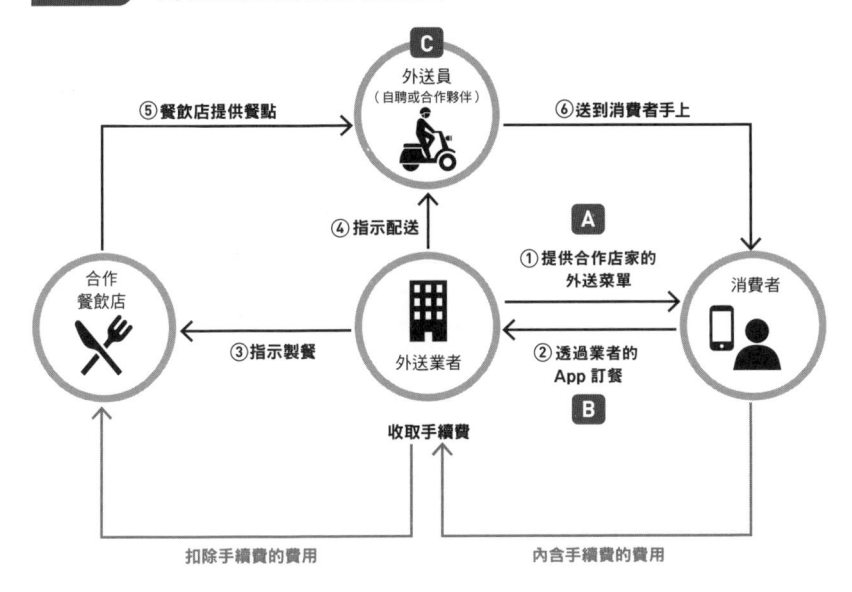

```
          C
         外送員
       （自聘或合作夥伴）
⑤餐飲店提供餐點 ──→ ⑥送到消費者手上
                ↑
             ④指示配送
                          A
                  ①提供合作店家的
                      外送菜單
  合作
  餐飲店  ←── ③指示製餐 ── 外送業者 ── ②透過業者的
                                      App訂餐
                          B
                    收取手續費
       扣除手續費的費用        內含手續費的費用
```

不要用「or」，而是用「and」來發想

　　前面介紹了各種收益模式，不過我們沒必要只選擇其中一種。剛開始為了省去複雜的操作，只用一種收費模式將App（服務）經營到某個程度或許比較有效率，但組合數種收益模式，也能有效最大化銷售機會與分散風險。

　　例如以下的組合方式：

・只提供付費App的話很難被使用者下載，因此同時推出「有廣告的免費版」與「無廣告的付費版」，免費版則用來提升知名度

・在免費的遊戲App內組合廣告與內購模式。例如，支付100日圓就能獲得遊戲內貨幣1,000點，而觀看影片廣告就能得到5點

CHAPTER_6

　　使用者當中,有些人是「絕對不下載付費App」、「無論如何都不會進行App內購買」,也有些人是「完全不排斥付費」。因此如果只採用一種營利方式,就會錯失從部分使用者身上獲得收益的機會。

　　請各位讀者務必也要重新觀察,平常使用的App採取了什麼樣的營利手段。

> **POINT**
>
> ◉App的營利方式,有下載販售、廣告與內購(消耗性項目、非消耗性項目、訂閱)等種類。
> ◉組合數種營利方式,而不是選擇其中一種,能夠分散風險與最大化銷售機會。

利用廣告
讓App獲利的方法

上一節介紹了各種App的營利方式。本節則從業者角度與使用者角度來解說，若想利用廣告讓App獲利，必須考慮哪些問題。

廣告營利的3個重點

如果要利用廣告讓App獲利，能否成功幾乎取決於以下3點，這麼說一點也不為過。至於順序，由上往下思考就可以了吧。

①使用哪種格式的廣告
②使用哪個廣告聯播網
③組合數個廣告聯播網

使用哪種格式的廣告？

如果是平時很常使用App的人，應該會注意到App內顯示的廣告有各種格式（呈現方式與尺寸）。這裡就來說明主要的廣告格式，以及各個格式的特徵、優缺點與運用方法。

Banner廣告
特徵

刊登在App內特定空間的（絕大多數都是）圖片廣告。最常使用的是320 × 50像素的橫長尺寸，有些App也會選擇使用300 × 250像素的

- 175 -

「（中）矩形」尺寸，如果是預計顯示在平板電腦上的廣告則還會使用更大的尺寸。

大部分的Banner廣告都是固定顯示在畫面頂端或底部。如果是像社群媒體的時間軸頁面那樣，主內容頁面能一直往下捲動的話，有時也會將Banner廣告穿插在內容之間。

優點與缺點

優點是容易採用。必須決定的項目只有「要配置在哪裡」，不必像後述的插頁式廣告或獎勵影片廣告那樣，需要考慮或調整顯示的時機與頻率等設定。另外，執行的技術門檻也比其他格式低。

缺點是有些使用者討厭遊戲App的「世界觀」被破壞。雖然這種現象不限於Banner廣告，但因為Banner會一直出現在畫面上，特別有這種感覺的使用者似乎很多。提供「可移除Banner廣告」的付費項目是其中一種解決辦法。不過要注意的是必須事先規劃好，以避免Banner消失時破壞了畫面設計。

運用方法與注意事項

使用時要注意，如果將Banner廣告設置在使用者經常操作的區域附近，有可能會害使用者不小心按到廣告（這稱為誤點或誤觸）。這不僅會損害使用者體驗，中長期來看對收益也沒什麼貢獻。App若經常發生誤觸的情況，有些廣告聯播網的演算法會降低其作為廣告媒體的評分，從而導致收益性下滑，最慘還會導致廣告帳號被停用。

配置Banner廣告時，切記要讓使用者看得清楚，而且不能害人誤觸，如果使用者對廣告有興趣的話就會主動點擊。

插頁式廣告（全螢幕廣告）
特徵

插頁式廣告（Interstitial Ads）的「Interstitial」其實不是「全螢幕」的意思，本來是指「插在」內容與內容之間的「空隙」。所謂的「插

頁式廣告」，就是當使用者結束一個動作正好告一段落時，例如從A畫面切換到B畫面之際，或是遊戲App結束一個遊戲關卡要換關時，顯示在整個畫面上的廣告。

顯示的插頁式廣告有靜止圖片，也有影片或是可試玩廣告[※]。基本上如果什麼也沒考慮就直接使用，那麼廣告聯播網每次都會投放收益性最高的格式。

如果有不想使用的格式，有些廣告聯播網可從管理後臺開啟或關閉各個格式，有些則必須聯絡專員幫忙開啟或關閉。

如果是影片或可試玩廣告，大多會像YouTube的TrueView廣告那樣，過了一段時間（通常是5秒）後就會出現可略過（強制關閉）廣告的按鈕。

※可試玩廣告：指可觸碰App進行模擬體驗的互動式廣告。全螢幕廣告（插頁式廣告）與後述的獎勵影片廣告，有時會用可試玩廣告來取代影片，或是取代影片播完後的結尾卡（定格畫面）。

優點與缺點

跟Banner廣告相比，第一個優點是收益性（eCPM）高出數倍至10倍以上。由於廣告占據裝置的整個畫面，不僅可視度高，將廣告內容傳達給使用者的效果也很好，因此點擊率以及觀看廣告後的轉換率通常比Banner廣告還要高。

另外，Banner廣告有「破壞世界觀」這個缺點，插頁式廣告則比較不用擔心。因為撇開插頁式廣告出現的那一瞬間不算，廣告並不會一直顯示在UI上。

不過，因為廣告占據了內容與內容之間的整個畫面，這個瞬間會令使用者的注意力完全脫離App，故也可以算是另類的缺點吧。

運用方法與注意事項

概念與插頁式廣告相近的，就是看電視時插入的廣告。如果出現得太過頻繁會打擾到使用者，因此需要花心思設計。

舉例來說，出現的時機不該設定在使用者「打算做」某件事的時候，而是「做完」某件事的時候（例如不是選在開啟App的時候，而是

選在於社群媒體發文後這類結束一個行動的時候出現），或是從程式這邊來控制顯示頻率為「幾分鐘1次」而不是「每次」。

經常有人會詢問筆者：「加入插頁式廣告的話留存率不會降低嗎？」雖然並非完全沒影響，不過個人認為其實不需要過度擔心。而且也有研究顯示，只要運用方式不會帶給使用者極大的壓力，就不會對留存率造成不良的影響。

就拿身邊的例子來說，大多數的人即使覺得廣告很煩，也不會決定停止使用YouTube本身。這是App或內容本身的魅力，與令人厭煩的廣告之間的角力戰，因此並不存在「超過這個範圍的話廣告就太多了」這種共同的底線。

若能製作出會讓人覺得「雖然廣告很煩人但還是想用」的App是最理想的，如果沒辦法就需要犧牲收益性調整顯示頻率等設定。而且變更廣告的顯示頻率等參數時，最好要能測量留存率或開啟率會受到多少程度的影響。

原生廣告
特徵

原生廣告英文稱為「Native Advertising」，直譯就是「自然的廣告」，換句話說這是一種「看起來就像內容的一部分的廣告」。

「原生廣告」其實可以分成2種。第1種是「文章（內容）與廣告自然而然地融合的廣告」，這又稱為業配文。適用於新聞App這類發布文章內容的服務，此外這種廣告在製作與業務銷售等方面也需要花費相當多的人力資源。

第2種是與內容無關的廣告，但呈現方式比Banner更自然地融入在內容中，不仔細看不會發現是廣告。這裡要介紹的App內廣告之一的「原生廣告」就屬於這種類型。

比較容易想像的例子，就是Facebook、Instagram、X（Twitter）等社群媒體的時間軸頁面上播放的廣告。除了使用Banner圖片與影片

外，有些還會採用跟使用者發布的內容一樣的格式來呈現廣告主的企業圖示或名稱，或者尺寸會自動依據裝置或顯示位置而改變，藉由這些方式讓廣告自然地融入在周圍的內容中。

優點與缺點

原生廣告的最大優點，就是廣告看起來「不像廣告」，因此不會妨礙App使用者的使用者體驗。當然，如果內容與廣告分配得不好（廣告比例過多）就不會有良好的使用者體驗。但在一般情況下，跟Banner廣告等其他格式相比，使用者比較少有「這款App的廣告好多，真煩人」的感受。

缺點是，廣告的格式必須配合App的UI另外設計才行。無法像Banner那樣「只要決定好配置的地方就沒事了」，必須經常摸索收益性更高的設計。

運用方法與注意事項

並不是所有的廣告聯播網都有提供原生廣告格式。這是因為，必須請廣告主準備的素材種類很多，例如文字、圖示、主要圖片、影片（如果有需要的話）等，比起Banner廣告與影片廣告等其他格式更費事。再者，廣告主也大多沒有稍微超出一般廣告需要的素材吧。

因此，想實際使用某些設計時，支援的廣告聯播網數量便很有限。這樣一來，就可能因為能夠投放的廣告案件不夠多，導致收益性反而不如預期的高。

任務牆
特徵

這是內建貨幣的App有時候會使用的廣告格式。從App內的特定畫面（通常是App內貨幣的購買畫面）開啟「任務」一覽，可以看到上面刊登著各種不同任務，只要達成任務的條件，就可以獲得規定的App內獎勵。

舉例來說，使用者只要註冊成為某個影片串流服務的會員，就可以得到3,000點。

優點與缺點

通常App內貨幣必須花錢購買，或是觀看獎勵影片廣告（後述）才能獲得，不過有了任務牆的話只要達成條件就能獲得App內貨幣，因此也有不少使用者覺得這是優點。

另外還有一個特徵是，任務牆容易與App內購買一併運用。付費使用者通常只占整體的幾％而已，考量到有些使用者會覺得「既然不付費就無法獲得App內貨幣，那就算了」而決定不使用App，若給予使用者不用付費也能獲得App內貨幣的選項，應該能夠收到一定程度的防止流失效果。道理就跟獎勵影片廣告一樣。

缺點是，任務牆在App業界並非流行的營利手段，因此提供這種廣告格式的業者數量有限。即便是後續章節所述的「中介服務」那種可向多個廣告業者發出請求的解決方案也得努力尋找，否則很難找到有提供的廣告業者吧。

運用方法與注意事項

需要注意的地方在Chapter 3的「獎勵廣告（衝榜廣告）」一節也有提到，就是Apple的使用條款禁止在iOS系統下「針對App的下載給予獎勵」的行為。如果任務牆裡混入「只要下載App就送點數」的任務，就會遭到Apple警告，最嚴重時還有可能害App被下架。

題外話，筆者以前協助的客戶所製作的遊戲App就發生過這種事，而且最慘的是當時的那款遊戲App還刊登在App Store的「推薦」上……，相關人士全都哭了。之後他們將任務牆移出App再重新經過審查，雖然最後App順利重新上架，但是當然沒能再回到App Store「推薦」名單上。

獎勵影片廣告
特徵

　　這是一種看完廣告影片就給予使用者獎勵的廣告格式。為了方便各位想像觀看影片廣告之後可以得到什麼獎勵，以下就介紹各類App的具體例子。

[遊戲]
- 可得到能在該款App內使用的虛擬貨幣
- 遊戲失敗時可接關
- 過關時可獲得的代幣能夠加倍
- 可得到一段時間的特殊效果（例如10分鐘內遊戲加速、經驗值2倍、提升力量等）

[非遊戲]
- 如果是漫畫App之類的App，則可以獲得App內的虛擬貨幣（例如閱讀券）
- 可在一定期間內使用特定功能
- 如果是集點活動App之類的App，可獲得一段時間的特殊效果（例如1小時內點數2倍）

優點與缺點

　　獎勵影片廣告的收益性非常高，eCPM（廣告顯示1,000次時可獲得的收益）有時還能超過1,000日圓。原因在於，這種占滿使用者螢幕的影片廣告一定能夠播放到最後（通常15～30秒）。由於可將廣告的內容充分傳達給使用者，CTR（點擊率）以及CVR（轉換率）往往也高於其他的格式。

　　除了收益外，另一個很大的優點是，還可以根據運用方式順便改善使用者留存率、開啟頻率、停留時間等重要的KPI。筆者將這種現象稱為「獎勵影片廣告的無形之手[※]」理論。以下就來說明獎勵影片廣告還有什

麼附帶的效果。

> **參考**
>
> **收益以外的KPI也能改善！**
> **「獎勵影片廣告的無形之手」理論**
> http://www.tatsuojapan.com/2016/05/kpi.html

[動作遊戲]
　　在使用者玩膩了遊戲，差不多產生想要棄玩念頭的時候播放獎勵影片廣告。
→給予的獎勵比平常遊玩時還多
→使用獎勵後變得想再玩一下
→防止使用者流失，延長遊玩時間

[放置遊戲]
　　觀看影片廣告後，在關閉App的4個小時內，遊戲內代幣的累積速度會加倍。
→ 原本要等到隔天以後才會再次開啟的使用者當中，有幾成的人會在4小時後開啟
→ 離開App之前，會再次觀看獎勵影片廣告
→ 開啟週期變快，App的使用時間變長

[漫畫App]
　　每天免費更新1話，只要付費就可以觀看之後的話數。
→ 觀看影片廣告後「只」能觀看下一話
→ 比起「可以觀看下一話真開心」的體驗，更重要的是讓使用者產生「想繼續看下去」的渴望

→ 付費率提高

另外，獎勵影片廣告是難得適合付費App的格式。休閒遊戲當然就不用說了，像MIXI公司的《怪物彈珠》這種有名的社群遊戲也使用獎勵影片廣告。

運用方法與注意事項

採用獎勵影片廣告時，必須留意使用者在使用App時的心理狀態，並且思考在哪個地方、在哪個時間點、以怎樣的頻率顯示廣告，以及獎勵要給什麼、要給多少，對整款App而言才是最適當的。

因為若是在「不想要」獎勵的時間點播放廣告，或是提供「不想要」的獎勵內容，使用者就幾乎不會去看廣告。

因此，只靠負責廣告或營利的人員設計是不夠的，產品經理等負責設計整款App體驗的人也應該加入討論吧。

另外，偶爾也有人問筆者，加入獎勵影片廣告後付費率難道不會下降嗎？畢竟只要觀看廣告，就可免費取得本來必須付費才能獲得的價值。就筆者的經驗，是可以設法避免付費率下降的。

付費使用者與不付費使用者，兩者的動機與優先順序本來就不同。不付費的使用者，寧可犧牲自己的時間觀看廣告也不想付錢；至於付費使用者，則是「不想浪費時間在廣告上，想快速進行」這類動機很強的人。因此對後者而言，觀看廣告能獲得的一點點獎勵，就算免費也沒那麼令人高興，願意付費的人（即使有觀看廣告可免費獲得獎勵的選項）最終大多還是會選擇付費。

以下介紹幾個證明這件事的具體例子。

· 在獎勵影片廣告的「無形之手」影響之下，未付費使用者的留存率會上升。除此之外，也可以期待經由廣告獲得付費道具的使用者，在感受到道具的效果後會轉為付費使用者，因此順利的話銷售業績有可能會增加

CHAPTER_6

- 日本有些社群遊戲原本只採App內購買模式，後來才又加入獎勵影片廣告。當中有遊戲只針對未付費使用者顯示廣告。驗證後發現，觀看廣告的使用者之後轉為付費的比例高於沒看廣告的使用者

- 目前技術上能做到如上述那樣，不對在X日以內（或之前有過一次）付費過的使用者顯示獎勵影片廣告。這樣一來可將「目前的付費使用者」不再付費的風險降到最低

- 不過，付費使用者當中也有人是「願意付費，但也會去領取獎勵影片廣告提供的獎勵」。如果不向付費使用者提供顯示獎勵影片廣告的選項，可能有人會抱怨「沒辦法看廣告了」。實際上，App商店偶爾能看到「（想得到獎勵卻）看不了影片廣告」這類不滿的評論

　　如果因為使用獎勵影片廣告導致App使用者的付費率下降，問題或許出在運用的方法上。也就是說，獎勵給得太多，讓使用者覺得不用付費也夠用。

　　不過，像「登入獎勵」這類透過獎勵影片廣告之外的方式給予獎勵的設計，可以說也會造成一樣的問題發生。因此別急著把獎勵影片廣告視為導致付費率低下的直接原因，筆者認為根本原因其實是整款App的體驗設計。

　　設計運用獎勵影片廣告的App時，正確掌握「時間順序」與「使用動力的變化」是很重要的。再強調一次，思考在何種時間點給予什麼樣的獎勵，使用者就會滿足、互動度就會變高是設計的關鍵。

　　App業者要準備「付費」與「廣告」這2種選項，作為消除「被設計出來的」壓力之手段，並設定適當的獎勵量與時間點，在最大化收益的同時，也要讓付費與不付費這兩方的使用者都感到幸福喔！

要使用哪個廣告聯播網（主要的廣告聯播網）？

一如各位要營利時會思考「要使用哪個廣告聯播網」，廣告主同樣也會挑選要用的廣告聯播網，這點在上一章已經說明過了。

要是所有的廣告聯播網都能放送所有的廣告就好了，可惜現實沒那麼美好。基本上，擁有許多廣告案件的廣告聯播網，對各位而言收益性比較高。

這有2個原因，第1個原因是廣告版位的競價壓力很高，因此出價金額能夠拉高。第2個原因是既然有各種廣告案件，就更有可能放送與自家App更加匹配的廣告（也就是說，點擊率或安裝率會變高）。

舉個簡單易懂的例子吧。如果在玩遊戲的使用者眼前，顯示其他類似的遊戲廣告，使用者應該有相當大的機率會點擊廣告、安裝App吧。但是，如果各位經營的不是遊戲，而是適合商務人士使用的工具App，那麼採用能配合使用者放送以商務人士為對象之廣告的廣告聯播網，效果應該會比只能放送遊戲App廣告的廣告聯播網更高吧。

當然，即便擁有許多廣告案件，如果廣告聯播網的投放演算法還不成熟（例如對任何人都一再放送相同的廣告），收益性就會降低。不過，這種技術不成熟的廣告聯播網，從廣告主的角度來看成果也不是很好，因此最後當然也不會受到廣告主青睞。

因此，為了營利而挑選廣告聯播網時，原則上選擇「受廣告主青睞的廣告聯播網」比較保險。只要參考前述AppsFlyer的《廣告平臺綜合表現報告》等排行榜，從名列前茅的廣告聯播網依序採用就不會出什麼大錯吧。

具體來說，熱門的主要廣告聯播網有Google的AdMob、Meta的Audience Network、AppLovin、Unity Ads、Mintegral等等，還有像Moloco這種既是DSP又提供營利SDK的公司。不過也是有像X（Twitter）或Apple那樣，雖然很受廣告主青睞，卻不提供廣告營利解決方案的公司。

那麼，該從這些廣告聯播網當中選擇哪個才好呢？其實，筆者推薦的最佳實踐並非選擇其中一種，而是組合數個廣告聯播網，藉由這種方式將收益性最大化。關於這個部分會在下一節詳細說明。

> **POINT**
>
> ● App要利用廣告營利時，建議先依據App決定要採用的廣告格式，接著再選擇廣告聯播網。
> ● 選擇廣告聯播網時，不妨從受廣告主青睞的聯播網當中挑選幾個組合運用。

> # 組合數個廣告聯播網
> # 將收益性最大化
>
> 本節是上一節解說的「利用廣告讓App獲利的方法」之後續的內容。這裡就以使用數個廣告聯播網為前提，來為大家說明採用什麼樣的組合或是運用方式能夠提高收益性（聯播網提供的廣告版位價值）。

App的廣告營利模式沿革

App的廣告營利模式經過了以下5個階段的歷史。

①只設定1個廣告聯播網的時代
②使用數個廣告聯播網，按比例分配流量的時代
③使用中介服務，按瀑布策略設定的時代
④使用上述的瀑布策略時，給1個廣告聯播網設定數個地板價的時代
⑤透過App內競價同時呼叫各廣告聯播網的時代

想必除了在業界工作多年的專業人士以外，大部分的讀者應該都看得一頭霧水，因此接下來就為大家逐一說明。

①只設定1個廣告聯播網的時代

最初期的標準做法，是從當時主流的廣告聯播網中挑選1個來使用，例如「我們就用AdMob好了」、「因為評價很好，我們就選用i-mobile

吧」。

雖然這種做法沒什麼優點，不過硬是要說的話，優點就是運用與管理很輕鬆。像筆者這種沒有開發經驗的人，往往會輕率地以為：「只是安裝SDK而已，應該很簡單吧？」但若要追加1個新的SDK，不只需要安裝，測試也要費時費力，還有可能發生錯誤（Bug），也得定期更新SDK才行，這些都會給工程師造成負擔。另外，若使用數個廣告聯播網，業務負責人也得花費相當多的時間與勞力去作業。

只使用1個廣告聯播網的缺點

舉例來說，目前每個月靠廣告獲得1萬日圓收益的人，就算增加運用的廣告聯播網而使獲得的收益倍增，也必須觀察所花費的成本是不是超過了1萬日圓以上。總之只先使用1個最主要的廣告聯播網（例如Google的AdMob），把自己的時間與金錢花在改善App或是增加使用者上可能比較合理。

不過，如果是廣告收益已有一定水準的App業者就另當別論了。這個做法在結構上有幾個問題，因此現在中等規模以上的App業者不會選擇這個做法。

廣告聯播網上除了有靠廣告營利的App業者，當然也有刊登廣告的廣告主。並非所有的廣告主都會在每一個廣告聯播網上刊登廣告，因此各廣告聯播網擁有的廣告主種類與數量都不同。如果只使用1個廣告聯播網，就會錯過在其他廣告聯播網刊登的廣告主。

另外，只使用1個廣告聯播網的話，會比使用多個廣告聯播網時，更容易發生一再向同一位使用者顯示相同廣告的情況。如此一來，收益性就會漸漸下降。雖然現在幾乎沒有這種情況了，但以前因為在App版面刊登廣告的廣告主很少，如果不斷向同一位使用者顯示廣告，有時就會陷入「已經沒有可顯示的廣告」狀態（即廣告庫存不足）。

②使用數個廣告聯播網,按比例分配流量的時代

於是,接下來就進入給App使用數個廣告聯播網,並且分配顯示比例(例如廣告聯播網A是60%,廣告聯播網B是40%)的時代。如此一來,只使用1個廣告聯播網時的缺點與問題就能夠解決了。

廣告的變化不多
→只顯示同樣的廣告
→收益性低下

分配多少比例的流量給哪個廣告聯播網,是根據當時的收益性來進行調整。如果給某一個廣告聯播網分配較多流量(顯示許多次),收益性就會下降。

舉例來說,雖然最初將大半的流量分配給收益性高的廣告聯播網A,但之後eCPM逐漸下降,被廣告聯播網B後來居上。如果這時,改將幾成的流量從廣告聯播網A分給B,那麼A的eCPM就會稍微恢復,B反而會變差。

可惜的是我們很難正確預測要增減多少流量,eCPM才會提升或下降多少。另外,與現在相比,當時廣告聯播網的收益性更容易在短期內大幅變動。除了流量增減的影響外,有時也會因為特定的大廣告主展開大型廣告活動,而使收益性大幅提升。畢竟當時行動廣告市場仍處於黎明期,一個大廣告主能給整體帶來很大的影響。

因此,負責營利的人員每天都要觀察報表的數字,並且手動分配流量來最大化收益。除此之外,能將這種人工作業轉為自動化的工具也登場了,例如日後會被GREE集團的Glossom公司所吸收合併的adfurikun(原本是由媒體公司的「寺島資訊企劃」所開發),以及United公司的AdStir等等。

雖然當時他們自稱是SSP,但因為沒有進行RTB交易,照理說他們並不算是廣告科技上的「SSP」,稱之為「SDK組合包」與「流量分配自

動化」工具比較正確。

另外，這個階段（到2015年為止）Banner廣告仍是主流。2014年後半期到2015年，以影片廣告格式為主的幾個廣告聯播網在日本展開業務，進入接下來要談到的、使用「中介服務」的時代。

③使用中介服務，按瀑布策略設定的時代

這裡出現了「中介（Mediation）」這個沒聽過的詞彙。以下就來簡單說明這是什麼樣的服務。

中介的流程

Mediation這個英文單字直譯就是「仲介」、「調停」的意思。

至於廣告營利上的中介，則是指「為了提升行動App的收益，每次有顯示廣告的機會時，就會從收益性較高者依序呼叫各個廣告聯播網的一種機制」。

接著來解說實際上有什麼功能。

圖 6-02　中介服務的流程

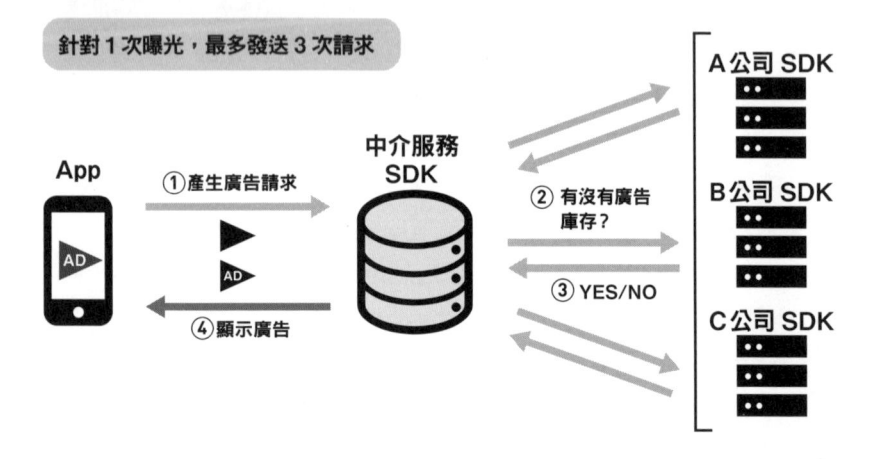

App裡安裝了2種SDK（Software Development Kit，軟體開發套件），分別是「中介服務SDK」與「廣告聯播網SDK」。廣告聯播網SDK是使用幾個廣告聯播網就安裝幾個SDK。然後，在中介工具的管理後臺，設定廣告聯播網的優先順序。這裡的排序不是指流量的分配比例，而是按第1個、第2個、第3個這樣的順序由上往下排。

當使用者開啟App，終於要顯示廣告時，中介服務SDK就會對優先順序排在第1順位的廣告聯播網A的SDK這麼說：

「輪到你了。請準備廣告。」

接收到請求後，廣告聯播網A的廣告SDK，就會向自家的廣告伺服器請求廣告，然後接收廣告，將廣告顯示在App上，最後再向中介服務SDK回報：「任務完成！」

如果沒有可以顯示在廣告聯播網A之廣告庫存的話，廣告伺服器就不會提供廣告，而是會回覆「對不起，現在沒有廣告庫存。」收到這則訊息之後，廣告聯播網A的SDK就會繼續向中介服務的SDK回報：「任務失敗」。

接著，中介服務SDK就像什麼事都沒發生般，向優先順序排在第2順位的廣告聯播網的SDK下指示：「輪到你了。」

就像水從上往下流那樣，這種從第1順位開始依序往下發送廣告請求，直到某個廣告聯播網顯示廣告（這稱為「填充〔fill〕」，意即填滿空著的版位）為止的模式就被稱為「瀑布（Waterfall，又譯為瀑布流、刊登序列）」。

主要的廣告聯播網，原本鮮少會發生沒有廣告庫存的情況。但是，如果在廣告聯播網預先設定了「地板價」，依照設定者的意願就會有一定的比例會發生「無法填充」廣告的狀態。而地板價就是近似於「底價」的概念。

廣告聯播網裡，有CPM高，也就是顯示1次廣告時媒體可獲得的收益很高的廣告案件，也有CPM低的廣告案件。如同前述，一再重複顯示

同個廣告聯播網的廣告，CPM通常會逐漸下降。

能夠優先放送出價更高的廣告

拿前述瀑布策略的例子來說，假如一直顯示廣告直到廣告聯播網A不再填充為止，聯播網就會漸漸地放送越來越多收益性低的廣告。與其繼續放送這些廣告，各位難道不想在某個時間點放棄廣告聯播網A，換成放送廣告收益性或許更高的廣告聯播網B嗎？

這時要怎麼做呢？那就是給廣告聯播網A設定地板價。如果排在下個順位的廣告聯播網CPM是500日圓（這應該是放送全螢幕廣告，而不是Banner廣告吧），當CPM低於500日圓時，讓排在下個順位的廣告聯播網B顯示廣告，可期待的收益會比廣告聯播網A還要大。所以，我們才要給廣告聯播網A畫上500日圓這條底線（在廣告聯播網A的管理後臺，將地板價設定為500日圓）。

這樣一來，當廣告聯播網A的SDK向伺服器請求廣告時，就只會在原本該回傳的廣告預估CPM高於500日圓時才會回傳廣告，如果低於500日圓則是回傳no_fill（廣告庫存不足）的訊號。

在廣告請求總數中廣告回傳數所占的比例稱為廣告填充率（Fill rate，又譯為供應率、達標率）。地板價設定得越高，能夠回傳的廣告案件越少，因此填充率就會下降。

只要像這樣給瀑布中的所有廣告聯播網設定地板價，就能夠優先放送出價更高的廣告。

具體來說，就是像以下這般進行設定。

1.Meta Audience Network最低金額：＄15
2.AppLovin最低金額：＄13
3.Unity Ads最低金額：＄10
4.AdMob最低金額：無

第4順位的AdMob不能設定地板價。這是因為，當AdMob無法填充廣告時下面已經沒有其他的廣告聯播網了，於是該廣告版位本身就不會顯示廣告（no_fill），只能眼睜睜看著收益機會溜走。

目前有幾個廣告聯播網提供了具備這種功能的中介服務，例如從很久以前就很受歡迎的Google「AdMob」；AppLovin的「MAX」則是藉由收購與合併X（當時的Twitter）公司的「MoPub」一躍成為業界龍頭；再加上與Unity合併的「ironSource」，這三者正是2023年主要的中介服務提供者。

④使用瀑布策略時，給1個廣告聯播網設定數個地板價的時代（多重呼叫）

之後，中介與瀑布的技術繼續發展，進化到1個廣告聯播網可以設定數個地板價。這是怎麼回事呢？

拿前述的例子來說，當AppLovin放送CPM $13.5的廣告時，排在下面的Unity Ads與AdMob說不定會這麼想：「其實剛才的廣告請求，我們有$14的廣告呢⋯⋯。」對各位而言如此也是錯失了將收益最大化的機會。

為了防止這種情況發生，我們要給Unity Ads與AdMob設定數個地板價，並且給瀑布中各個價格帶設定數個廣告聯播網。前述的瀑布就像這樣設定：

1.Meta ／ AppLovin ／ Unity Ads ／ AdMob @ $15
2.Meta ／ AppLovin ／ Unity Ads ／ AdMob @ $13
3.Meta ／ AppLovin ／ Unity Ads ／ AdMob @ $10
4.Meta ／ AppLovin ／ Unity Ads ／ AdMob @ $無地板價

這時，中介服務SDK會分別去問Meta、AppLovin、Unity Ads跟AdMob：「請問有$15以上的廣告案件嗎？有的話請回傳。」如果在這

個價格帶發現廣告庫存就會直接放送該廣告,如果沒有發現就跳到下一個價格帶,繼續詢問各家公司:「那麼接下來,請問有＄13以上的廣告案件嗎?」

於是,在某個廣告聯播網回傳廣告之前,中介服務SDK便會像這樣持續向各個廣告聯播網發出廣告請求。因為每次有顯示廣告的機會就會對1個廣告聯播網發出數次的廣告請求,所以這項技術就被稱之為多重呼叫(Multi call)。

理論上,只要進行詳細的設定,例如從＄100.0開始每＄0.1就設定1層,總共設定1,000層的話,應該可將收益最大化。但是,這種設計有一個嚴重的問題,那就是延遲。

這裡就以前述的4個廣告聯播網與4種價格帶為例來試想一下吧。如果第3層的Meta(Audience Network)回傳了廣告,就代表在其上面的＄15與＄13這2層中,4個廣告聯播網實際上總共進行了8次這樣子的對話(通訊):

「請問有沒有X美元以上的廣告案件呢?」

「沒有。」

而且還不是本地SDK互相對話,是SDK與伺服器對話。

就算每次通訊只花零點幾秒的極短時間,累積起來的話(舉個極端的例子,例如幾十次、幾百次後)就會在廣告聯播網實際回傳廣告之前產生數秒的延遲。

一旦發生延遲,App的收益性就會變差。為什麼呢?這是因為,在為了載入廣告而進行通訊的那幾秒鐘,使用者有可能移往其他畫面,導致App錯失了顯示廣告的時機。

⑤透過App內競價同時呼叫各廣告聯播網的時代

為了克服這個延遲問題,App的廣告競價也開始應用Chapter 3介紹過的標頭競價機制。

嚴格來說，這跟RTB的標頭競價所用的科技不一樣，因此前者被稱為「App內競價」以作區分。

若要用前述例子來簡單解說的話，App內競價就是只向Meta、AppLovin、Unity Ads跟AdMob各廣告聯播網發出1次「請問你要用多少錢買這次曝光？」這項請求。等各廣告聯播網回覆「用X美元購買！」後，就顯示價格最高的廣告。

換言之，在之前的例子中是跟各個廣告聯播網反覆進行好幾次通訊（多重呼叫），而App內競價則只要各進行1次就好。如此一來，延遲的問題就能得到大幅的改善。

另外，之前的例子因受到瀑布策略的價格「幅度」影響，經常發生微小的機會損失。舉例來說，假設AppLovin有未滿地板價＄15的＄14.9廣告庫存。第1次發出廣告請求時，沒有任何一個廣告聯播網能夠回傳廣告，於是發出第2次請求。由於這時只問「有沒有＄13以上的廣告庫存」，最後有可能放送AdMob的＄13.1廣告而非AppLovin的＄14.9廣告。

如果是App內競價，就能夠避免這種機會損失。因此即便是從訂價邏輯的角度來看，理論上收益性也會比「中介 × 瀑布」還要高。

跟RTB的標頭競價有什麼不同？

RTB的標頭競價（請參考Chapter 3的解說）也跟App內競價一樣，都是向數個買家（DSP、廣告聯播網、廣告主等）發出廣告請求，出價金額最高的參與者就獲得該次曝光。

不過，標頭競價是所有買家在伺服器之間完成競價，App內競價則不同，並非所有的買家都參加，因此媒體若要最大化收益就需要搭配瀑布策略一起組合使用。

如果世上所有的DSP與廣告聯播網，全與1個App內競價或廣告交易平臺連結，大家都在背後出價競爭的話，那麼只要加入1個標籤或SDK就能實現收益最大化。網路廣告領域正藉由標頭競價與RTB逐漸實現這

件事。

App廣告領域之所以尚未發生這種情況,是因為在廣告的投放與顯示上,各廣告聯播網的規格都不同,使用幾個廣告聯播網就得安裝幾個SDK。

App內競價雖然比採用瀑布策略的中介服務進步,但可能只算是在達到像網路廣告標頭競價那樣的完全競爭之前的過渡期技術。

跟SSP有什麼不同?

就跟Chapter 2說明的一樣,SSP(Supply Side Platform,廣告供應方平臺)本來是以RTB技術為基礎,給供應方(提供廣告版位的媒體)使用的工具。簡單來說,這是一種只要加入1個標籤或SDK,就能夠受理數個DSP與廣告聯播網的出價之機制。

日本的App業界長久以來稱為「SSP」的東西,嚴格來說並不等於這個SSP。這是因為,App不是只要加入1個標籤或SDK就好,而是以安裝數個SDK為前提,至於要呼叫哪個SDK是由「日式SSP」來負責控制。

本來在廣告科技上這個功能的定位比較接近「中介」,但除了那些廣告科技狂熱分子外,沒有人會那麼介意用語的定義是否精準。

標頭競價或App內競價,本來的用法是放在這種SSP或廣告聯播網的上一層。

現在業界的主流做法,則是將App內競價與中介服務組合起來。AppLovin的「MAX」、Google的「AdMob」,以及被Unity公司收購的ironSource,這些過去主要的中介服務提供者也都陸續使用App內競價來搶奪市占率。

「瀑布 × 多重呼叫」的延遲等問題雖然獲得一定程度的解決,但並非所有的廣告聯播網與DSP都是Bidder(競價者),因此這些非競價者要麼透過中介服務來投放,要麼就是在背後購買其中一個廣告聯播網或SSP的廣告版位。

POINT

- 只要瞭解App的廣告營利模式沿革,就不難理解現在使用的手法有何意義,以及使用的原因。
- 廣告營利模式所使用的科技日新月異,除了依序呼叫廣告聯播網(中介 × 瀑布)的技術外,同時呼叫各個廣告聯播網的App內競價等技術也在業界興起。

App老師專欄⑥

為什麼廣告業者想搶占中介服務層？

營利所需的2種功能

讀到本書這裡的人，應該已經明白App的廣告營利模式需要2種不同的功能。

第1種是「決定使用哪個廣告聯播網」的功能，而第2種是「實際呼叫與顯示廣告」的功能。前者是中介服務的工作，後者則是廣告聯播網的工作。

中介功能本身是免費提供的。從歷史來看，一開始是因為「中介功能很方便」而被當成請客戶在App安裝SDK的交涉材料；現在則是基於此理由——「為了請客戶使用自家公司的中介功能」，而繼續免費提供。

因此對廣告業者來說，就算客戶使用其他公司的中介服務，只要自家的廣告聯播網擁有市占率收益就會成長。也就是說，只要可以獲得許多曝光機會就好。

反之，就算App安裝了自家的中介工具，如果自家的廣告聯播網沒獲得曝光，依然無法得到多大的收益。

儘管如此，許多廣告科技企業並不滿足於只作為廣告聯播網加入其

他公司的中介工具，自己也想搶占中介服務層，以概念來說就是更上面一層。這是為什麼呢？

原因有好幾個，這裡就介紹3個主要原因。

3個主要原因
　　第1個原因是「能夠避免『SDK被移除』」。
　　如果只被當成廣告聯播網使用，當成效不佳時，有些App企業就會覺得「不必再用這個廣告聯播網了」而停止使用。因為對App企業而言，給App安裝SDK可能會發生程式錯誤，而且還要花費維護成本。

　　不過，要改用別的中介工具也很費事，不僅要花人力與時間開發，負責營利的人員也必須改變操作方式才行。因此，一旦搶下中介服務層，SDK就沒那麼容易被移除，從而防止「完全錯失」在該App上賺取收益的機會。

　　第2個原因是「資料」。如果僅作為廣告聯播網透過中介服務被App使用，只能取得與自己有關的資料，例如在這款App上總共發送了幾次廣告請求、被顯示了幾次、被點擊了幾次……等等。

　　但是，只要搶下中介的位置，不光是自己的廣告聯播網，還能獲得與App的廣告營利模式有關的、更大範圍的資料。這些資料不僅包括App整體的廣告指標，還有哪個廣告聯播網被顯示了幾次、哪個廣告聯播網很強或很弱等等。

　　有了這些資料，就能更正確地擬訂事業策略或戰術，例如應該對哪款App投注更多心力、應該以哪個競爭的廣告聯播網為標竿。

　　第3個原因是「為了避免受到不當對待」。

雖然不確定現在是否還有這種情況，以前業界內有傳聞說，某個中介工具「會給自家的廣告聯播網分配比真正的實力（根據實際能發揮的成效預估的顯示次數）還多的曝光」。
　如同前述，作為一個廣告聯播網是無法看到整體數值的，因此很難發現自己遭到不當的低估。搶下中介服務層，就能避免自己受到其他公司的不當對待。

　但當RTB與App內競價這類更「程序化」的機制普及後，能做出這種早期不公平行為的空間就比以前少了。
　除了以上3點之外還有其他原因，但因為涉及過於專業的內容，這次就先談到這裡。

App平臺的手續費

前面重點解說了利用廣告的營利模式，最後也來談談App內購買。想要增加銷售額，製作讓使用者就算得付費也想要的內容或功能是不二法門。不過，幾乎所有App的發布與付費機制都依賴App Store與Google Play這2個平臺，因此不能不瞭解這些平臺的指南內容。

App平臺龍頭──Apple與Google

在撰寫本書的2023年當時，如果想透過發布付費App或App內購買來獲得收益，就不得不使用App Store與Google Play這2個平臺，以及他們提供的結帳付款系統。

Apple提供的iOS與Google提供的Android，兩者在行動作業系統層幾乎占了100%的市占率。App業者想不透過這2家公司的App平臺經營業務，實際上是不可能的，這麼說一點也不為過吧。

如果使用這些App平臺獲得內購收益，結帳金額會被收取一定的手續費。App Store與Google Play的手續費率一般都是30%（特殊情況為15%）。實際展開業務前一定要先瞭解指南裡關於App內結帳的機制與手續費的說明，否則有時會落入意想不到的陷阱。我們就來看看更詳細的內容吧。

※這裡引用的全是2023年5月當時的指南等資訊，請各位隨時留意資訊是否更新。另外，指南的解釋是源自筆者個人的理解，如有出入恕不負責，敬請見諒。

App Store的指南

首先來看App Store的指南吧。

①無須支付手續費的情況

有一種情況是使用者付款了，但不會被收取手續費（佣金）。那就是在允許使用Apple提供的App內購買項目之外的購買方式結帳與付款的情況下。App審核指南就有以下規定。

> 3.1.3(e) App 之外的商品和服務：如果App允許用戶購買將在App之外使用的實體商品或服務，則必須使用App內購買項目之外的購買方式來收取相應款項，如Apple Pay或傳統的信用卡入口。

※https://developer.apple.com/app-store/review/guidelines/

舉個簡單易懂的例子，使用Amazon或是樂天等購物App購買物品就屬於這一種情況。因為購買的是在App之外使用的實體商品，Apple公司就不會再向購物App收取這筆款項的手續費。不過，由於不能夠使用App Store提供的內購系統，業者必須自行給自家App導入信用卡之類的結帳系統。

另外，指南還有以下的規定。

> 3.1.3(f) 免費的獨立App：與基於網頁的付費工具（例如，VOIP、雲端儲存、電子郵件服務、網頁託管）搭配使用時，免費的獨立App只要不提供購買功能，也不勸導進行App外購買，則並非必須使用App內購買項目。

※https://developer.apple.com/app-store/review/guidelines/

舉例來說，假設使用者向Dropbox這類雲端儲存（保存文件與檔案）服務申請了付費帳號。

如果App只有「查看保存的檔案內容」功能，不會發生在該App上購買（付費）的行為，也沒有引導使用者進行App外購買（沒有「請到這裡申請付費帳號」這類導向網站的連結），那就沒必要使用App內購買項目。

從這項條款可以看出，Apple不會對在App之外申請的付費帳號收益收取手續費。

為了App平臺的手續費問題，Apple一直在與各國、各地區的主管機關進行對話。例如，在經過日本公平交易委員會的調查後，Apple發布新聞稿表示，與公平交易委員會達成的協議會套用在全球的App Store，並更新有關手續費的指南（3.1.3(a)「閱讀器」App，2021年9月1日Newsroom[※]）。

※出處：https://www.apple.com/newsroom/2021/09/japan-fair-trade-commission-closes-app-store-investigation/

更新後的Apple指南表示，提供數位版雜誌、報紙、圖書、音訊、音樂、影片的「已購買內容」或是「訂閱內容」的「閱讀器」應用程式開發者，可在應用程式內提供導向自家網站的連結，讓使用者能夠設定或管理帳號。

Spotify與日本經濟新聞、Kindle、Netflix等的內容App，就是屬於該次Apple指南規定的「閱讀器」App，也就是「只用來消費內容的」App。

之前這類App，即使購買或訂閱內容是在網站上進行（如果採App內購買的方式，就屬於在App內購買數位內容，所以要向Apple支付手續費），也不得設置連結引導使用者前往網站。因此這項改變可視為「放寬」限制吧。

②手續費不是30%而是15%的情況

關於App Store的交易手續費，長久以來不斷有App業者反應

「30％會不會太高了」、「希望能再降低一點」。當中甚至還有演變成訴訟的案例（後述）。

為了回應這樣的意見，Apple決定在特定條件下將手續費率從30％調降成15％。

經由App Store獲得的年營收在100萬美元以下的情況
Apple在2021年1月1日推出了「App Store小型企業方案（App Store Small Business Program）」，以年營收在100萬美元（約新臺幣3,200萬元）以下的App業者為對象，將App Store的手續費（佣金）從30％調降至15％。這項方案推出後，應該有一部分的個人App開發業者能夠受惠。

但是要注意以下幾點。

- 年營收是否達到100萬美元之標準，是依照在App Store上發布中的所有App累計營收來判斷。舉個例子來說，即使新上架的App還沒賺到錢，但別款App已賺了100萬美元以上，那麼這時就會照一般費率收取30％的手續費

- 如果第1年賺了100萬美元以上，但第2年的年營收未滿100萬美元，那麼第3年的手續費率就會降至15％

- 如果App開發者的營收在期間內超過100萬美元，那麼當年度的剩餘時間就會照一般費率收取30％手續費

Google也展開了類似的做法，不過條件略有不同，稍後會在Google Play的部分詳細解說。

訂閱第2年以後

App Store有「訂閱功能」，這是持續向使用者收費的App內購買項目。Apple對訂閱功能有以下的規定：

在訂閱者第1年服務的每個結算週期，你會收到訂閱價格的70％（減去適用稅款）。訂閱者累積滿1年付費服務後，你的收入將增加到訂閱價格的85％（減去適用稅款）。

※https://developer.apple.com/app-store/subscriptions/#revenue-after-one-year

簡單來說，訂閱第1年開發者會被收取30％手續費，滿1年後仍繼續訂閱的使用者，其支付的費用則改收15％手續費。

③手續費是30％的情況

如果不是前述幾種情況的話，原則上都套用App Store的標準手續費率30％，Apple會按這個費率向開發者收取交易手續費。

Google Play的指南

接著來看，Android系統的App商店「Google Play」規定的手續費（服務費）吧。

①無須支付手續費的情況

Google Play也和App Store一樣都有無須支付手續費的情況，而且兩者的條件非常相似。以下就跟大家介紹Google Play管理中心的政策中心之記載。

**Google Play帳單系統不得用於下列情況：
付款的主要目的是：**

- 購買或是租用實體商品（例如食品雜貨、服飾、家居用品和電子產品）
- 購買實體服務（例如交通運輸服務、清潔服務、機票、健身房會籍、餐點外送服務和現場活動票券）
- 以匯款方式繳清信用卡帳單或水電瓦斯費帳單（例如有線電視和電信服務帳單）

※https://support.google.com/googleplay/android-developer/answer/9858738?hl=zh-Hant

　　從上面描述的內容可以看出，跟App Store一樣，購買物品或是在App之外提供的服務時，並不是透過Google Play提供的App內購買功能，而是需要自行透過信用卡等方式結帳與付款，在這種情況之下就不收取手續費。

②手續費是15%的情況
經由Google Play獲得的年營收在100萬美元以下的情況

　　Google晚了Apple半年，從2021年7月1日起提供新方案，業者的年營收在100萬美元（約新臺幣3,200萬元）以內的話，Google Play的手續費率為15％。這個方案跟前述Apple的「App Store小型企業方案」非常相似，但要注意的是內容略有不同。較大的差異是兩者的計算方法有點不一樣，例如：

- 經由Google Play獲得的收益在100萬美元以內時手續費為15％，超過100萬美元時，則會對超過的部分收取30％手續費

- 如果收益在當年度超過100萬美元，則在下一個年度0～100萬美元以內的收益Apple仍然會照舊收取30％手續費；Google則是無論前年度或者當年度的收益總額是多少，0～100萬美元以內的收益手續費一律15％

> **參考**
>
> **2021年Google Play服務費異動**
> https://support.google.com/googleplay/android-developer/answer/10632485?hl=zh-Hant

所有的訂閱

　　Google Play也和App Store一樣，有持續向使用者收費的訂閱功能。本來Google跟Apple一樣，訂閱第1年會收取30％手續費，但從2022年起訂閱的收益（包括第1個年度在內）手續費一律15％。

　　訂閱：對於訂閱者購買的自動續訂型訂閱產品，無論開發人員每年賺取多少收益，服務費率一律為 15%。

※https://support.google.com/googleplay/android-developer/answer/112622?hl=zh-Hant

Play媒體體驗計劃

　　Google在2021年6月23日對外發表了「Play媒體體驗計劃（Play Media Experience Program）」。這項新方案的對象，是提供影片、音訊、書籍內容的App，而且必須符合各種條件，例如要能在Google提供的Wear OS與Android TV等各種裝置上體驗、Google Play的評分與開發人員帳戶的紀錄都要良好、使用者要達到一定人數等等。

　　滿足這些條件的App，參與計畫期間的Google Play手續費是15％（某些種類的媒體或內容則是15％以下）。

　　這種針對滿足特定條件的App給予獎勵的做法很少見，未來是否會盛行備受矚目。

③手續費是30%的情況

　　如果不是前述幾種情況的話，原則上都套用Google Play的標準手續費率30％，Google會按這個費率向開發者收取交易手續費。

POINT

- 由於Apple（iOS）與Google（Android）經營的平臺擁有最大市占率，若要運用App內購買功能就得先瞭解這2個平臺的指南。
- 在Apple與Google的指南中，手續費視情況而有各種不同的規定，因此要經常檢查兩家的指南有無更新，確認是否有能降低手續費率的適用條款。

App老師專欄⑦

規避平臺手續費的案例與《要塞英雄》的訴訟

手續費問題

　　多虧有Apple與Google提供的App平臺奠定基礎，任何人都能夠輕易下載各位的App以及付費使用服務。這件事看似平常，不過仔細想想其實是很了不起的。因為他們打造出，只要在這2個平臺按下發布按鈕將App上架，就能在全球多達幾十億臺的裝置上營利的環境。

　　另外，也不能忽視他們替App開發者保障便利性與安全性這一點。使用者只要給自己的帳號設定一次結帳方式就能輕鬆結帳付款，不必每次付費都需要重新輸入結帳資料。而且也不用擔心，信用卡等資料會落到好幾個App業者手上。

　　不過，也有不少業者抗議這些App平臺存在壟斷性與排他性，反對他們收取手續費。雖然以App為起點的事業利潤一般都很高，但不可諱言的，Apple與Google收取的手續費會使利潤減少15%～30%，因此業者會有這種想法也是無可厚非。

　　除了前述無須支付手續費的情況以外，原則上Apple與Google的指南都有要求，進行App內購買時必須使用自家的結帳系統。例如App Store的指南就有以下這項出名的規定（2023年7月當時）。

3.1.1 App內購買項目：

如果你想要在App內解鎖特性或功能（解鎖方式有：訂閱、遊戲內貨幣、遊戲關卡、優質內容的訪問權限或解鎖完整版等），則必須使用App內購買項目。App不得使用自身機制來解鎖內容或功能，如產品金鑰、擴增實境標記、QR codes、加密貨幣和加密貨幣錢包等。

※https://developer.apple.com/app-store/review/guidelines

如果不遵守指南的規定，App就會在審查時被Apple拒絕，無法上架到App平臺。如果無法經由App平臺下載，實際上就等於是阻斷了可以接觸到智慧型手機使用者的途徑，因此縱使會減少利潤率，業者也只能接受平臺方的條件，將App上架到App Store或Google Play。

不過，也有業者為了規避這種手續費，不惜犧牲使用者的便利性刻意繞過App內購買系統。本專欄就舉幾個具代表性的App，為大家介紹規避手續費的案例。

具代表性的App與規避手續費的方法
①Netflix（iOS）

採月費會員制的Netflix，無法透過iOS版App註冊會員訂閱服務，App會引導使用者撥打客服電話或使用行動瀏覽器前往官網。

②Amazon Kindle（iOS）

Kindle的電子書內容，無法在iOS版的Kindle App與Amazon Shopping App上購買，只能透過瀏覽器購買。雖然從使用者的角度來看很不方便，但Amazon應該是認為，Kindle的收益若每次都給Apple抽走30%會很虧吧。

樂天的Kobo等電子書平臺也是採取同樣的做法。

此外也有企業雖然提供同樣的服務，但透過App註冊與支付時的價格，跟透過瀏覽器等App之外的途徑註冊與支付時的價格是不一樣的。

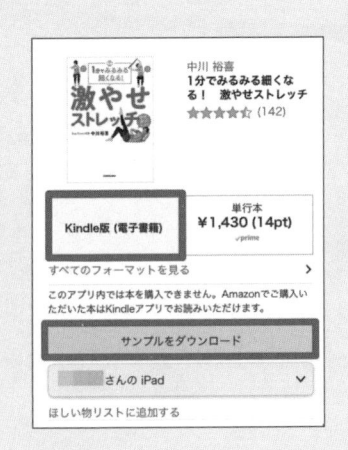

③YouTube Premium（iOS）

「YouTube Premium」可享受零廣告的YouTube服務與背景播放功能，其個人方案有2種價格，透過App訂閱月付1,680日圓（臺灣為新臺幣260元），透過瀏覽器訂閱則月付1,280日圓（臺灣為新臺幣199元）。

※參考：Pentagon https://pentagon.tokyo/app/1726/#toc_id_2_3

《要塞英雄（Fortnite）》的嘗試

曾有企業針對這個手續費問題大聲疾呼，那就是推出熱門遊戲《要塞英雄》以及遊戲開發引擎「Unreal Engine」的Epic Games公司。

Epic Games的遊戲App《要塞英雄》繞過App平臺的支付系統，讓使用者在購買遊戲道具時可以直接付款給該公司，藉由這種方式來規避手續費。由於不會被收取手續費，使用者可用更便宜的價格去購買這些遊戲道具。

對於這種做法，Apple與Google以違反平臺指南為由，將《要塞英雄》從App Store與Google Play下架。而遭到下架的Epic Games便在

2020年提起訴訟，指控Apple以及Google利用他們的市場支配地位妨礙公平競爭。

最後，Apple在10項指控中有9項勝訴，Epic Games則被要求向Apple支付之前使用外部支付系統時規避的手續費360萬美元（約新臺幣1億1,500萬元）；不過另一方面，Apple也被要求變更條款，允許開發者使用外部支付系統。

另外Google在2022年宣布，Google Play會在部分地區實驗性地開放第三方支付系統。不過，開放並不代表Google Play完全不收取手續費，因此過去都在規避手續費的服務反而擔心Google會另立名目收取手續費。

Apple與Google這兩大科技業巨人，之前就因為訂定的手續費與平臺指南而遭受批評，Epic Games提起的訴訟，不僅突顯App商店的限制過於嚴苛的問題，更引發後續效應。不只海外，日本的相關單位也開始制定有關平臺透明性與公正性的法律，這些行動在業界也受到很大的關注。

Chapter

7

App行銷實踐篇
- 測量與操作 -

本章是實踐篇的續篇，
主題為測量與操作。
這是非常重要的一章，
認為「測量與操作」沒有重要到
值得花一章講解的人，
以及沒有概念的人請一定要好好閱讀。

測量與操作的觀念

Chapter 4解說了「測量」的基本觀念與設計步驟。本章想跟各位談一談,如何根據測量的結果進行「廣告操作」。

PDCA是操作的核心

各位讀者當中,可能有些人聽到「測量與操作」後仍沒有半點概念。不過,筆者之所以想用一整章的篇幅談論這個主題,是因為**在App行銷上,測量正是最容易成為「爭論點」的部分,而操作正是「考驗」行銷專員乃至企業「力量」的部分。**

題外話,多數經營廣告媒體的企業都設有操作的「專家」一職,只不過名稱因企業而異。這個角色是針對已趨複雜化的廣告媒體與廣告產品,給予顧客有關操作方面的建議,而設置這種職位,正是意謂著各媒體也在顧客正確「操作」廣告這件事上發現價值。

當然,各企業的廣告產品都逐漸自動化了。不過,操作這一職種與概念,應該暫時還不會消失吧。

操作是一種什麼樣的工作?

操作是一種什麼樣的工作呢?這是一個很廣的概念,說不定問10個人會得到10種不一樣的答案,不過基本上筆者的看法是這樣的:

圖 7-01　PDCA 是操作的核心

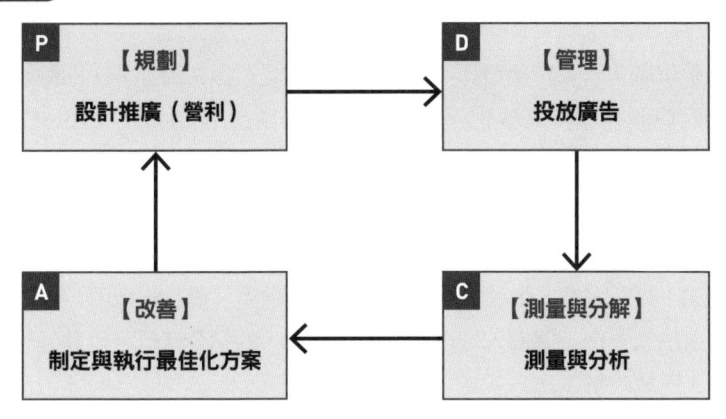

```
P【規劃】           →    D【管理】
  設計推廣（營利）         投放廣告
       ↑                      ↓
A【改善】           ←    C【測量與分解】
  制定與執行最佳化方案      測量與分析
```

所謂的 Plan → Do → Check → Action → Plan……此循環（PDCA）是作為操作核心的框架。其中「Plan」的部分，各位已在 Chapter 5 學習過媒體規劃，也在 Chapter 6 學習過廣告格式與廣告聯播網的選擇。

但是，計畫只是事前的設計或假設罷了。在 App 行銷上，「DCA」的執行與循環才是至關重要的。

舉例來說，就算事先設定了搜尋廣告，指名搜尋最終能達到多少放送量（有多少使用者搜尋），還是得實際刊登看看才會知道；就算事先選擇用據說廣告成本很高的廣告格式來營利，能以多少 CPM 賺取收益，還是得實際試試看才會知道。

像電視廣告這種「預約型」廣告，可以說比操作型廣告更容易發生一次定生死的情況（要是廣告沒按照計畫播放就慘了對吧）。因此除了「Plan」外，刊登廣告的「Do」也必須小心謹慎地執行。

反觀操作型廣告（本書介紹的數位廣告幾乎都是操作型），投放已朝自動化邁進，人要花費的時間與勞力越來越少。不過，廣告還是需要進行初期設定，以及為了改善而變更設定，能夠完全不執行「Do」、能夠完全放著不管的廣告媒體應該不多。

PDCA的「C」不易執行的2個原因

數位廣告若要持續發揮高成效，重要的是C與A的部分，即驗證事先建立的假設並進行最佳化（改善）。但是，App行銷領域的Check（測量）沒那麼容易，這是有特殊原因的。

黑箱化的推進

第1個原因是，產品導致黑箱化越來越嚴重。最佳化或改善等措施，本來是由人一個一個輸入，再由機器按照輸入的指令執行。也就是說，前提是人已經瞭解運作方式。

但是，近來隨著統稱為AI（人工智慧）或ML（機器學習）的科技進步，產品（程式）已能夠代為進行最佳化作業。畢竟最佳化的Lever（可操作的變數）、該分析的資料數量、要求的速度等都超出人類的能力，自動化的趨勢是不可逆的吧。

自動化發展的代價，就是人看著眼前的機器吐出數字（結果），卻不明白「過程中發生了什麼事」。人必須仔細地分解現象，否則有可能因為誤解而制定出錯誤的策略。

機器再怎麼進化，仍舊只會根據人類輸入的指令輸出結果。舉例來說，如果人類無法識破後述的廣告詐欺（廣告作弊），把經過偽裝的成果當成「正確答案」對機器下指示，機器就會為了「最大化假成果」而發揮它的力量。

使用者的隱私權保護

第2個原因是，從隱私權保護的觀點來看，要完全掌握跨平臺的使用者行為越來越困難。

如今使用者在數位世界，能夠造訪更多的網站與App。如果能橫跨所有網站與App進行追蹤，對業者來說測量也會變得很輕鬆，但對使用者而言這卻是不愉快的體驗，感覺就好像自己的資料被一點一點地出賣了。於是現在，全球都掀起了這股潮流——擁有使用者資料所有權的是使

用者自己，要讓使用者能夠更進一步管理自己的資料（更進一步限縮業者的控制權限）。

像是在呼應這股潮流一般，平臺（瀏覽器或是App商店營運商）開始訂立隱私權保護對策，使用者的資料終於能夠得到更完善的保護。這對使用者來說或許是一件令人開心的消息，但對業者而言這卻代表「資料的缺損」，因為他們再也無法存取之前都能夠自由取得的使用者屬性與行為資料。

圖 7-02　難以完全掌握使用者行為

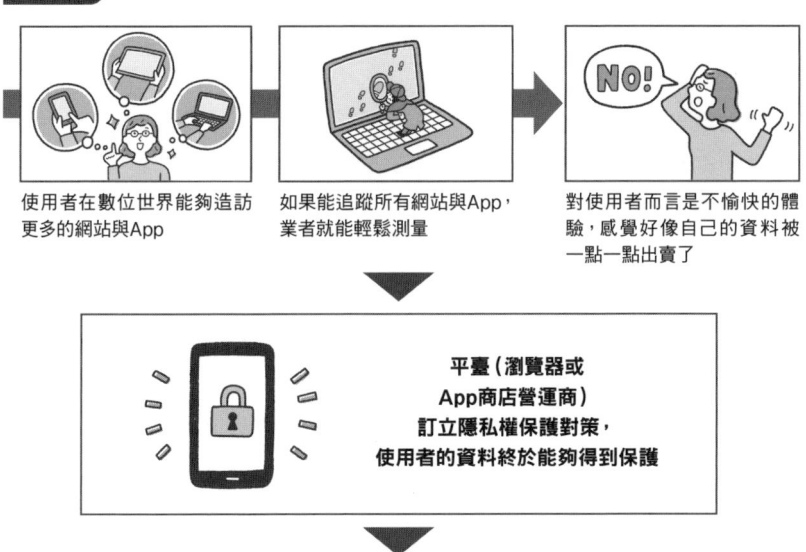

使用者在數位世界能夠造訪更多的網站與App

如果能追蹤所有網站與App，業者就能輕鬆測量

對使用者而言是不愉快的體驗，感覺好像自己的資料被一點一點出賣了

平臺（瀏覽器或App商店營運商）訂立隱私權保護對策，使用者的資料終於能夠得到保護

・使用者：「開心」、「安心」
・業者：「資料的缺損」

結果，這促使環境加速變化，無論是要正確掌握「成果」還是驗證現象都變得很困難。使用者的資料（隱私權）保護與業者的測量環境有著密不可分的關係。因此對業者而言，能夠更加「正確地測量」的技能變得重要許多。

反過來說，只要能好好測量與分析，就容易訂立合理的改善措施，

也能提高企業的競爭優勢。本章就一起來學習，與測量及分析有關的各種主題吧。

什麼是歸因？

歸因就是確定或分析使用者流入（安裝）App的「路徑」。

App的使用者（幾乎）不會在沒有獲得任何資訊的情況下，就偶然安裝某個App。一定會有促使他安裝該款App的起因才對，例如發生以下的情況：

- 聽朋友說
- 看到電視廣告
- 在網頁瀏覽器上看到推薦這款App的文章
- 在別款App上看到廣告並點擊

不用多說，在現實的對話中聽見朋友推薦之後，沒接觸任何廣告就安裝App的實績，業者當然是無法追蹤的。反觀數位廣告的成果是可以測量的。

但是，如果使用者在安裝之前接觸了「數個」廣告，之後才安裝App呢？應該把這次安裝的「功勞」記在哪個廣告上呢？

有看法認為，這種時候「應該把功勞歸給最後引導使用者前往App Store或Google Play的廣告」。這個概念稱為「最終點擊」，從網路時代開始數位廣告就大多以此為原則。不過，當中也有例外的情況。

歸因就是綜合測量、評鑑達成安裝之前，所看過或接觸過的廣告貢獻度，然後決定這次的安裝是哪個媒體的廣告成果。這是個看似簡單，其實非常深奧，而且容易引發議論的主題。

決定歸因的程序

因此，有個工具專門用來測量這種成果，那就是行動歸因工具（Mobile Measurement Partner，MMP）。工具的詳細說明與選擇方法留到下一節再談，這裡先解說決定歸因的程序。

決定歸因的程序
① 廣告主先透過 MMP 建立連結網址，再到廣告聯播網輸入此連結網址。
② 使用者接觸廣告時，會觸發這條連結網址，從使用者的裝置將資訊（日期與時間、廣告媒體、媒體、IP、使用者的廣告識別碼等）發送到 MMP 的伺服器。
③ 使用者點擊廣告後，前往 App 商店。
④ 當使用者下載該款 App，並且第一次開啟時，App 內 MMP 的 SDK 再度將資訊（日期與時間、App ID、IP、使用者的廣告識別碼等）發送到 MMP 的伺服器。
⑤ 只要對照發送給 MMP 的「接觸廣告」時及「下載 App」時的資訊，就能得知第一次開啟某款 App 的使用者、之前接觸過什麼廣告、最後一次接觸該款 App 的廣告是在什麼時候、是經由哪個廣告聯播網以及哪個媒體。

歸因分析的注意事項

在實際的廣告操作上，歸因分析有2點必須留意，分別是「歸因期間」與「瀏覽後轉換」。以下就簡單解說這2點。

歸因期間

歸因期間是指，將使用者接觸廣告後多久時間內的使用者行為視為「該廣告的成果」。例如，當某個使用者在點擊廣告的1年後購買該商品時，這筆業績可以算是「廣告的貢獻」嗎？如果是30天後呢？如果是1

天後呢?

　　無論是幾天後,都沒辦法證明完全沒有受到廣告的影響。因為我們不能完全否定,此刻購買商品的使用者,有可能對1年前看到的廣告印象深刻。不過,接觸廣告後經過的時間越短,對使用者行為的影響越大,這樣想比較合理吧。

　　尤其若是數位領域的(非品牌型廣告之)成效型廣告,能夠仔細測量成果是一個很大的優點。既然要測量就必須「決定」要將哪個範圍視為該廣告的成果。基於歷史背景與跨國企業的想法等各種因素,最後App業界訂出了以下的標準。

點擊後:7天
瀏覽後:1天(24小時)

　　在點擊廣告後的7天以內,或是觀看廣告後的24小時以內,當使用者(在沒接觸其他廣告的情況下)安裝App時,歸因工具(MMP)就會判斷這次安裝是使用者接觸到的這個廣告之成果。

　　反之,如果是在過了這段期間後才安裝,就不會判斷是廣告的成果,當未存在與成果理應有關的廣告時便算是自然安裝(不屬於任何廣告的成果)。

　　大多數的廣告聯播網都可在MMP的管理後臺變更歸因期間。要訂幾天才是最恰當的呢?筆者認為決定的重點是「統計顯著差異」與「以相同條件比較數個廣告媒體」。這個部分要等到講解完「瀏覽後轉換」之後再說明。

瀏覽後轉換

　　在開始講解歸因期間之前突然冒出來的這個詞彙,因為鮮少出現在App廣告之外的領域,可能有很多人沒聽過。

　　如果照前面的敘述來看,一如「點擊率」、「最終點擊」等術語所代表的那樣,會被視為廣告成果的「使用者與廣告的接觸」似乎只有「點

擊」而已。

　　但實際上並非只有點擊而已，大約從2014年起，業界的標準就改為成果也包含「使用者觀看廣告後安裝App」。

　　點擊廣告後安裝App的行為稱為「點擊後轉換（Click-through Conversion）」，至於觀看廣告後安裝App的行為則稱為「瀏覽後轉換（View-through Conversion）」。

　　廣告沒被點擊，只是被觀看而已，卻把之後發生的安裝計入成果，這樣不是有點奇怪嗎？

　　即使在現在，仍有不少行銷人認為「瀏覽沒有價值吧」。可是，像電視廣告與戶外廣告這類廣告絕對不會被點擊，卻依然有效（廣告主就是這麼認為才會刊登廣告）。

　　從統計上來看，如果將線上的使用者隨機分成2組，然後讓其中一組觀看廣告（無法點擊）、另一組則不看來進行測試，同樣可以觀察到前者的安裝次數明顯比較多。

　　像這種在有無某個變數時的單純變化稱為「增幅（Incrementality，又譯為成效增幅、總業績增幅）」，至於「增幅測試」就是在調查這種變化。請注意，若要正確進行增幅測試，必須具備統計方面的專業知識並仔細設計。

　　另外，點擊（撇開誤點，或是下一章解說的廣告詐欺不算）是使用者「有意」做出的行為，因此跟被動的觀看廣告相比，歸因分析的設計對點擊廣告更加有利（優先）。舉例來說：

點擊後：7天
瀏覽後：1天（24小時）

　　在此設定上，假設某個使用者先是點擊廣告聯播網A的廣告，3天後又觀看另一個廣告聯播網B的廣告（不點擊），接著在5分鐘後安裝

App。這個例子若以最後接觸原則來看，成果應該歸給廣告聯播網B，但實際上成果卻是歸給廣告聯播網A。

這是因為按歸因工具的設定，點擊優先於瀏覽。只要是在歸因期間內（上例是7天），就算點擊廣告後，同一位使用者又觀看別的廣告，仍舊會判斷被點擊的廣告是唯一做出貢獻的廣告。

因此極端來說，就算某個廣告聯播網放送大量的數位廣告，產生大量的瀏覽後轉換，影響也沒大到會使成果被這個廣告聯播網搶走的程度。這是因為瀏覽的歸因期間比點擊短，而且使用者在某個廣告聯播網點擊過廣告的成果也無法被觀看廣告搶走。

擅長動歪腦筋的人看完上述說明後也許會恍然大悟。要把歸因算在自己的媒體上，產生大量的點擊後轉換是極為有效的手段。

當然，為了讓使用者點擊廣告而花費成本投放廣告，或是使用有吸引力的廣告素材促進點擊，都是正當的行銷活動。

但是，當中也有不少廣告媒體或廣告聯播網因為想賺點擊次數而給使用者造成不便，像是採用會讓使用者不小心點擊的廣告配置或廣告格式（例如實際上只是gif動態圖，卻偽裝成可以玩的可試玩廣告），或是設置很難按的「關閉廣告」按鈕等等。

還有一種更惡質的手法是，其實使用者並未主動點擊，卻趁著使用者與廣告主都沒發現之際留下「已點擊」的記錄。關於這種手法，之後會在Chapter 8的廣告詐欺篇詳細解說。

現在請各位先記住，「瀏覽後轉換並非沒有價值」，以及「盲信點擊有價值是很危險的」。

大原則是Apple to Apple的比較

筆者之所以如此詳細介紹歸因期間與瀏覽後轉換，是因為各位在操作廣告時，如果不懂這些概念，有可能會做出重大的錯誤決策。

如果想透過廣告使事業以最快的速度成長，就必須停止投資成效差的廣告媒體，並且多分些預算給成效好的廣告媒體。要是顛倒過來，就無法達成本來能達到的成長速度，因而發生機會損失。

比較的條件要一致

因此，平常就必須比較廣告媒體的成效，這時絕對不能忘記的重點是「比較的條件要一致」。

「Apple to Apple」是指用一樣的前提條件進行比較，如果要揶揄條件不一致則會說「Apple to Orange」。另外，這並不是App廣告用語，而是一般的商務用語，Apple也不是指研發出iPhone與iOS的那家公司，而是指一般的蘋果。

舉例來說，如圖7-03所示，棒球有好球帶小（容易打到球）的打者與好球帶大（不容易打到球）的打者，假如兩者的安打數分別是50支與100支，你認為誰是優秀的打者呢？畢竟兩者條件不同，不能只用安打數來比較對吧。

圖 7-03　**誰是優秀的打者？**

安打數50支	安打數100支

不可忽視瀏覽後轉換

其實App行銷領域經常發生跟這個例子一樣的情況。例如，每個廣告聯播網的歸因期間各不相同（越長越有利），或是只有部分的廣告聯播網將瀏覽後轉換包含在成果內。

不光是這種進階的部分，其實就連更基本的指標，定義也是因廣告媒體而異。以曝光為例，要在畫面上顯示多少像素以上、顯示幾秒以上才視為「曝光」，每個廣告媒體的定義都不同。點擊也是如此，有些廣告媒體就算使用者沒點擊，只要達成特定條件（例如影片的播放時間超過一定的秒數）一樣算是「點擊」。

並不是只有部分充滿惡意的廣告聯播網或DSP才會這麼做。Google、Meta與X（Twitter）等大型平臺企業也都各自設下獨特的規則，例如「可中途略過的影片廣告只要觀看10秒以上（如果是未滿10秒的影片就要看完）就視為點擊後轉換，而不是瀏覽後轉換。」可變更設定的範圍也很有限。

細則今後有可能還會改變，這裡就不詳細記載了。各位要記得查看各個公司的說明中心等內容，以及諮詢歸因工具或廣告代理商的負責人員，時時掌握最新的資訊喔！

總之，結論就是要以完全相同的條件比較所有的廣告媒體並不容易，但即使在這種狀況下，仍應該正確掌握各公司的定義與規則，盡可能努力讓條件變得相近。

在開始推廣前必須先做好「事前準備」，既然科技巨擘企業並未忽視瀏覽後轉換，其他的廣告聯播網與DSP也要將瀏覽後轉換包含在成果內，並統一歸因期間，如果曝光或是點擊等的定義有所不同時，就要與廣告媒體交涉使定義一致（如果沒辦法一致，就乘上合理的係數做到盡量公平地評鑑）。

此外，若能事先與各相關組織分享評鑑標準、統一觀點的話會更好，如此一來之後就不容易產生誤解了。

POINT

- App行銷常用的「操作型廣告」,不可缺少投放後的成果測量、驗證、改善這一循環。
- 確定使用者經由何種路徑安裝App、分析廣告成效的「歸因」在成果測量上十分重要。

靈活運用行動歸因工具

在App推廣領域,「這次安裝的『成果』屬於誰?」是一個會引發深入討論的問題。歸因工具(MMP)是執行廣告活動的行銷人不可或缺的工具,本節就來學習如何正確選擇與運用吧。

什麼是行動歸因工具?

在App廣告的成效衡量與使用者分析上,如今絕大多數的行銷人與資料分析師都在使用AppsFlyer與Adjust這類行動歸因工具,這麼說一點也不為過。業界通常將Mobile Measurement Partner(行動衡量合作夥伴)簡稱為「MMP」,此外有時也會稱為「追蹤工具」或「SDK」。

這些工具有以下幾種具代表性的功能。

測量投放的廣告成效
・測量曝光、點擊、安裝等直接成果
・計算CPI與ROAS等分析指標

分析使用者行為
・測量完成新手教學或會員註冊等,安裝App後的行動(事件)
・測量付費事件的次數與金額、計算LTV

其他
・檢測、防止廣告詐欺(廣告作弊)

行動歸因工具的選擇方法

提供這種工具的業者之中，具代表性的企業有剛才提到名字的 AppsFlyer 與 Adjust。偶爾有人會來詢問筆者，不知道該怎麼選擇這類被稱為 Mobile Measurement Partner（MMP）的企業所提供之工具。

這些工具在功能面上，儘管細節有些差異，不過都支援主要會用到的功能。這裡就跟大家分享，選擇行動歸因工具時筆者認為應該留意的幾個重點。

是否支援自己使用的廣告媒體？

MMP最常被使用的功能，當然就是歸因分析（廣告成效衡量）。是否支援主要媒體（Google、Meta等），以及是否確實支援自己想用或正在使用的廣告成效衡量功能，都是必須先確認的事項。

不過，現在主流的MMP，主要的廣告媒體幾乎全都支援，所以這點應該不太需要擔心吧。

使用者支援機制與支援多種語言

使用海外的工具時經常會發生這種情況：有問題只能透過電子郵件詢問，而且發問的郵件還必須用英文來寫，最慘的是辛辛苦苦寫好卻沒收到回覆。

使用行動歸因工具必須在App裡安裝SDK（建議定期更新），每天還要檢查有無正確測量，並且針對偶爾會變更的媒體規格調整設定，研究出更好的測量環境。

並不是安裝好就沒事了，工具本身也必須「操作」才行。

以這個觀點來看，使用日本研發的工具是最理想的，但截至2023年為止，尚未出現日本研發的行動歸因工具（Chapter 3的「測量工具的盛衰榮枯」就講述了這段歷史）。因此筆者認為，設有日本辦公室、有能用日語溝通的負責人員、日語版的說明頁面等資訊很充實……等等都是非常重要的考慮項目。

該工具的市占率（≒該工具擁有的資料量）

關於這點可能會有正反兩派意見，不過筆者個人還是建議要選擇大企業提供的行動歸因工具。這是因為該工具的市占率高，即代表該工具有許多客戶使用，累積了許多App或廣告的資料。這件事有多麼重要呢？

近來基於使用者隱私權保護的觀點，廣告媒體更加限制用來刊登廣告的媒體向MMP等第三方工具串接、分享資料。在這種情況下，歸因分析也變得很難正確掌握各使用者的行動，因此目前業界的主流做法，就是根據累積的資料進行統計推論，或是使用機率模型來衡量。

因此可以說，有許多客戶採用並擁有推論用的資料，可為提供行動歸因工具的企業增加「能夠提供正確性更高的資料」這項優勢。

支援必要的特殊功能

剛才提到，幾乎所有的MMP都支援主要的功能，但當中仍有些功能僅部分工具可以使用。這裡就不舉具體的例子了（因為有可能會在本書出版後支援），請先釐清自家公司想用App做什麼，並整理出MMP需要具備的功能，再來確認考慮採用的工具能否實現該功能吧。

目前有數個業者提供行動歸因工具，但就筆者的感覺來說，日本比較接近「AppsFlyer與Adjust兩者獨大」的狀態。選擇MMP時，除非有特殊的原因，否則建議從這2家公司開始討論就好。兩者都設有日本辦公室，也有能用日語溝通的員工。

Apple導入ATT架構

為了實現前面一再提到的使用者隱私權保護，Apple在2021年4月導入「App Tracking Transparency」（應用程式追蹤透明度，簡稱ATT）。這是由Apple提供的系統以及架構，用來徵求使用者同意進行廣告追蹤。

後述的App老師專欄⑨「IDFA問題」也有提到，之前行動裝置的「廣告ID（識別碼）」（iOS稱為IDFA，ID For Advertising）只要使用

者沒拒絕，原則上都可自由使用，但現在必須獲得使用者明確的同意，否則原則上是不可使用的（另外補充一下，只要沒被拒絕原則上就可使用的做法一般稱為「Opt-out〔選擇退出〕」，反之只要沒獲得明確的同意原則上就不可使用的做法一般稱為「Opt-in〔選擇同意〕」）。

如果是為了追蹤而蒐集使用者的資料，App開發者就必須導入ATT架構，徵求使用者的同意。各位第一次開啟App時，應該也曾看過「要允許『〇〇』追蹤你在其他公司App和網站的記錄嗎？」這種彈出式視窗吧。同意使用IDFA的使用者比例眾說紛紜，但據說人數相當有限，只占整體的1～3成左右。

於是，行動歸因工具原本所用的測量手法──比對「接觸廣告者的IDFA」與「安裝App者的IDFA」就不能使用了。因為接觸廣告的App與被安裝的App都必須同意使用IDFA才行，如果只有其中一方同意就無法比對。

就算ATT的同意率有30%之多，2款App都同意的機率簡單計算的話只有9%（30% × 30%），也就是10次安裝當中有9次無法利用IDFA測量。

在撰寫本書的2023年，這種狀況有2種對策可以因應，第1種是使用機率模型，第2種是使用Apple提供的SKAdNetwork。應該有許多人都不曉得那些是什麼東西，就連在行動業界內，正確瞭解這些手法的人也不知道有幾個。這個主題就是如此複雜，而且資訊的更新頻率也很高。

這裡就省略今後很可能會變更的細節規格，只介紹原則理論。由於廣告業者與行動歸因工具業者會定期在部落格或線上講座解說，詳細的說明請到那裡查看。

機率模型

機率模型是指，各家MMP公司以自己研發的技術，運用機器學習來推測廣告活動成效的統計學手法。這種手法完全不必取得包括ID在內可

辨識使用者的資訊，只要針對IP位址與裝置資訊（例如裝置製造商、作業系統版本）等資訊進行統計分析，就能推測這次的安裝是哪個廣告媒體的貢獻。

雖然沒辦法100%正確「確定」使用者，但能夠「推測」使用者的來源，據說正確度大概有90％以上。就筆者的感覺來說，目前（2023年8月）大多數的App業者似乎都認為，用這種方法測量出來的數值是「正確」的。

要說課題的話，目前機率模型所用的信號（例如IP位址），若是因為Apple進一步加強限制而無法使用，推測的正確度就有可能大打折扣。Apple似乎有意限制數位指紋（Fingerprinting）這種未獲得使用者允許的統計追蹤手法，目前並不清楚適用範圍有多大，也不清楚未來會加上多嚴格的規定。

SKAdNetwork（SKAN）

至於SKAdNetwork（通常縮寫成SKAN）則與ATT相反，是Apple在iOS14以後正式提供的廣告追蹤解決方案。這是一種隱私權保護架構，可測量廣告活動的成效，但不會將使用者的個人資料提供給廣告主。

如果使用SKAN，廣告聯播網取得之有關App的安裝以及安裝後事件的資料，都會經過「匯總」與「匿名化」，提供給廣告主的只有數量有限的資料。

總而言之，各位只要明白這是Apple官方的測量手法，而且只提供「合計後得出這樣的成果，至於詳細內容恕不奉告」這種粗略的資料，大概就可以了。

SKAN的課題

機率模型只是「推測的」資料，反觀SKAN則是「實際的」資料，故理論上SKAN應該比較正確。但實際上，SKAN剛推出時就有以下課

題，導致許多廣告主對於使用SKAN一事都採取謹慎的態度。

有限的資料

SKAdNetwork提供給廣告主的資料，只限於廣告活動ID與轉換值，很難掌握使用者行為或是最佳化廣告活動，因此有時不易運用在廣告操作上。

拿棒球來比喻的話，這就像是只願意告訴你最終分數，但如果不知道各選手的打擊成績與投球內容，就沒辦法安排下一戰的球員。

延遲的報告

SKAdNetwork的轉換資料，最多要花上24～48小時才會提供給廣告主，因此有可能延誤廣告活動的最佳化或決策時機。雖說這是顧慮到使用者隱私權的措施，但也讓人很難運用在廣告操作上。

若一樣拿棒球來比喻，各位應該都明白是什麼狀況吧。也就是說要等到比賽結束24～48小時後，才能夠告訴你最終分數；若要安排翌日比賽的先發球員，能夠參考的只有2～3天前的比賽結果。

不可追蹤使用者層級的資料

使用SKAdNetwork時，廣告主只能追蹤廣告活動層級的資料，因此無法超過App的安裝或安裝後事件的範圍，追蹤各個使用者的行為或活動。

也就是說，所有廣告聯播網合計的「經由廣告獲得的使用者」，以及包括經由廣告之外的途徑安裝App的人在內的「所有使用者」，這兩者的留存率以及付費率等等的指標，MMP能夠測量但是SKAdNetwork無法測量。

歸因期間的限制

SKAdNetwork能夠測量的App內事件，只有在安裝後24～48小時的歸因期間內發生的事件。假如廣告主想測量安裝後1週內發生的事件

成果，SKAdNetwork是無法滿足廣告主的這種需求。

儘管SKAdNetwork的限制非常多，但這並不代表SKAN就一定沒有效果，或是不應該去使用它。另外，也有越來越多的廣告主不從SKAdNetwork與MMP當中「擇一」使用，而是以其中一種為主，並同時監測雙方的數值。

SKAdNetwork的規格仍在持續更新，這裡介紹的課題也許遲早會得到解決。廣告主必須取得最新資訊，瞭解限制與優缺點，再選擇有助於廣告活動成功的最佳測量方法。因此，時時關注成效衡量合作夥伴以及由廣告代理商等專家發布的資訊，或是事先建立能夠諮詢的關係都是有效的做法吧。

更著重於使用者行為與互動的App內分析

前面為大家說明了，在廣告推廣與LTV分析等方面上非常關鍵的歸因分析。

不過，對行銷人而言重要的不只是獲得使用者。畢竟這是一門生意，如何請獲得的使用者繼續使用App，以及如何請使用者在App上花錢，這種設計與操作也跟取得顧客一樣都是重要的工作。

若要做好這些工作，掌握使用者目前是怎麼使用App的、App中有沒有妨礙使用者體驗的地方等等資訊是很重要的。企業自行分析使用者行為再從中找出課題也是一種做法，不過世上當然有能做到這些事情的方便工具。

以下就來簡單介紹幾種日本企業特別常用的工具吧。

可跨平臺分析網站與App的
Google Analytics for Firebase

Google Analytics是Google公司提供的工具，尤其在網路領域更是普遍受到大家愛用，其實這也可以用在App上。

Google Analytics for Firebase

※https://firebase.google.com/docs/analytics?hl=zh-tw

Google Analytics原本是用來分析網站的工具，因此是以畫面瀏覽為基礎，也就是以使用者看著網站畫面的狀態為起點進行測量，不過2020年推出了革新的Google Analytics 4（GA 4）。

之所以使用革新一詞，是因為測量方式從原本的以畫面瀏覽為基礎，改成以事件為基礎。另外，為了與GA 4以後的版本做區別，坊間有時候會稱之前的舊版Google Analytics為「Universal Analytics（通用Analytics）」。

GA 4跟舊版有什麼不同？

那麼，測量方式改以事件為基礎的GA 4，跟之前舊版最大的不同是什麼呢？

不同的一點是可以跨平臺分析網站與App。通用Analytics是個別測量網站上的使用者行為與App上的行為，但從GA 4開始能將網站與App各自的使用者行為整合在一起。

Google原本就有提供Firebase這款用來測量App行為的工具。Firebase本身並不是一款單純的測量工具，而是作為Google Cloud Platform開發基礎的一部分，提供有關App開發的諸多功能。

其中一項特徵就是基於事件的測量（自訂事件記錄）。前述的GA 4是以Google Analytics for Firebase為基礎，本來的名稱直譯應該叫做「應用程式＋網站資源」。也就是說，原本是用來分析網站的工具Google Analytics，採納了使用Firebase測量App的功能（基於事件的測量），將其網站與App的功能整合之後，就能夠進行自由度更高的使用者行為分析。

Google Analytics與Firebase，提供了可自行將事件導入App來進行測量的環境。不過，行銷人要使用的話，必須具備一定的設計知識，以及與工程師團隊合作的體制。

雖然有自由度高這個優點，但缺點就是必須經過學習才能靈活運用。尤其Firebase的相關資訊大多是給工程師看的，對非工程師的行銷人而言確實是有點難以理解、難以調查的領域。這算是一種給專業人士使用的工具吧。

促進業者與使用者之間溝通的「Repro」

Repro是Repro公司提供的顧客互動平臺，以「網站與App的業績最大化解決方案」聞名。它們原本是對應App的分析工具，現在也支援網站分析。

App業者只要使用Repro，就能夠分析網站或App的使用者行為資料，並能在網站或App內與使用者進行適當的「溝通」，這是Repro的一大特徵。

這裡說的「與使用者溝通」,並不是直接透過電子郵件或電話個別聯絡。如果是App,就會採取以下做法:

・向採取這種行動的使用者,發出這個指引的彈出式視窗
・在幾點的時候發送這種內容的推播通知
・向已取得電子信箱的使用者發送附優惠券的電子郵件
・使用者曾購買過這個商品,所以向他推薦這種商品

就像這樣,能夠根據資料建構特定的溝通模式。

如此一來就可以期待使用者花更多的時間使用該款App,以及採取更多的消費行為等效果。當然,並不是實行完措施就沒事了,還必須根據結果加以改善。

Repro

カスタマーエンゲージメントプラットフォーム「Repro」

カスタマーエンゲージメントプラットフォーム「Repro」では、Web・アプリ上の行動データや外部データを元に、最適な人に・最適なチャネルで・最適なメッセージを届けることができます。
良い顧客体験を継続的に提供することで、カスタマーエンゲージメントの向上を実現します。

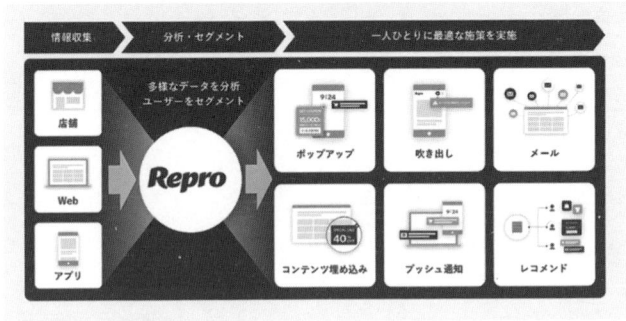

※https://repro.io/

顧客體驗平臺「KARTE」

KARTE是PLAID公司提供的「CX(顧客體驗)平臺」。可即時分

- 237 -

析、視覺化使用網站或App的人,並進行使用者行為分析(顧客理解)與個人化的溝通。KARTE最早是以「網路接待」概念展開業務,現在也支援App。

不過看完概念上的說明後,有些人可能還是一頭霧水。具體來說,顧客體驗平臺能做什麼呢?基本功能有:

· 與網站或App使用者溝通
  ※跟Repro很像吧!
· 根據使用者行為分析來更新、改善網站
· 用來指導使用者的客服聊天室

另外,透過這種使用者行為分析,可以將顧客的資料運用在網站內外,例如進行廣告投放最佳化以獲得顧客,此外也對行銷自動化會有所幫助。

KARTE

KARTEのカバーする領域

Web／アプリ内のマーケティングに留まらず、KARTEに連携・蓄積したデータを活用して、認知拡大・集客、サイト外の顧客育成・施策実施の自動化まで、顧客接点を幅広くカバーします。

認知・集客	興味喚起／行動	関係性の構築
A f ⊙ Y!広告	Web接客 サイト改善・更新 アプリ改善・可視化 チャットサポート	
顧客獲得 (広告配信最適化)	Web マーケティング　アプリ マーケティング	Marketing Automation (Mail／LINE／SMSなど)

顧客データの連携

© PLAID Inc. | Confidential

※https://karte.io/

POINT

- 除了考量功能面,也要從支援的廣告媒體與使用者支援機制等觀點,選擇適合自家公司的行動歸因工具(MMP)。
- 若要改善安裝後的使用者互動等部分,使用可進行App內分析的「Google Analytics」、「Repro」、「KARTE」等工具也是有效的做法。

App老師專欄⑧

隱私權保護與
第三方Cookie

關於Cookie

　　在撰寫本書的2023年此時，App的隱私權管制正逐漸加強當中。歐盟在2018年實施GDPR（General Data Protection Regulation，一般資料保護規則），美國也在2020年實施加州消費者隱私法（CCPA）。

　　另外，提供行動裝置作業系統（iOS、Android）和瀏覽器（Safari、Chrome）的Apple與Google等平臺營運商，同樣持續修改有關使用者隱私權的規定，並且對可取得的資料增加限制。

　　這可能也是因為兩者都是前述法律的規範對象吧，畢竟Apple與Google的總公司都位在加州，而且也都在歐洲推展業務。

　　這種隱私權保護的趨勢，最早是起於網路生態系。各位都知道「Cookie」這項技術嗎？這是瀏覽器的功能，當使用者瀏覽網站時能夠暫時保存瀏覽資訊。

　　儘管這並非App的功能，不過瞭解背後的來龍去脈，能夠知曉App領域各種限制的背景因素，也能夠想像今後會有什麼樣的發展。雖然是延伸內容，有興趣的人還請繼續看下去。

各位在登入網路商城之類的網站時,是否使用過自動輸入自己的帳號或密碼的功能呢?或者,可能也有人遇過這種情況:即使在購買或結帳過程中關閉瀏覽器,再度造訪這個網路商城時卻發現,關閉瀏覽器前的資料都還保留著。很方便對吧。

這種將資訊保存在瀏覽器內的技術,就是使用了Cookie。Cookie所發揮的其中一個很大的作用,就是定向與追蹤等這類針對廣告的用途。操作型廣告的業者一直以來都廣泛地運用Cookie。

圖　**Cookie的功能**

使用者	網站營運者
省去重新輸入登入資料的工夫	可追蹤與分析使用者行為
保存放在購物車裡的商品資料	可提高網站的便利性 這個網頁鮮少有人瀏覽,如果更簡潔地呈現重點是不是會比較好呢⋯⋯? 這個網頁的跳出率很高,來改善吧!

Cookie分成2種。

像前述網路商城的例子那樣,為了在自家網站的網域上取得與保存資料,而由自家公司設置的Cookie稱為「第一方Cookie」;反之,非網域擁有者的業者(例如第三方的廣告伺服器)設置的Cookie則稱為「第

三方Cookie」。

兩者最大的不同,就是後者能夠「橫跨」網域,取得與保存各個網站上的使用者行為等資訊。

數位廣告就是利用這種第三方Cookie技術,分析使用者的屬性與網站的瀏覽傾向,以提高廣告投放的定向精準度。

舉例來說,假設你考慮買房或租房,看了許多不動產相關網站。當你上網到處瀏覽時,Cookie會取得這些瀏覽資訊,於是當另一個網站要放送廣告時,就會放送你之前看過的房子(或類似的房子)的廣告。

也就是說,使用者造訪不動產資訊網站時會被Cookie記錄下來,如果之後另一個網站發出廣告請求,就會根據個人過去的行為或興趣顯示相關廣告,例如「這個人(Cookie)是最近造訪過房屋網站的人!他似乎對房屋有興趣,所以放送房屋的廣告吧」。

有些人或許會對這種做法感到不舒服。近年來,基於這種「讓人不舒服」的感受與隱私權保護的觀點,全球都開始針對這種第三方Cookie加強管制了。

2個管制方向

這裡就藉著說明管制的機會按2個方向來整理。第1個方向是國家或地區政府的隱私權保護相關對策(例如法令),第2個方向是平臺營運商技術上的管制。

國家或地區政府的管制

前者的代表例子,就是在本專欄開頭提到的、歐盟實施的GDPR(General Data Protection Regulation,一般資料保護規則)。由於「在歐盟內提供服務的非歐盟業者」也被列為罰則對象,再加上制裁金額很高,GDPR的實施成了隱私權保護浪潮迅速蔓延全球的契機。

題外話，歐盟之所以積極加強這種管制，據說除了因為歐洲國家與國民的人權意識本來就很高，還有一個原因是他們對於以GAFA為代表的美國大型平臺企業「用自己的資料賺取鉅額利潤」一事抱持排斥心態。其實，歐洲的廣告主也受惠於這項技術，因此筆者並不認為所有的利潤都進了美國企業的口袋。

GDPR將IP位址與Cookie等線上識別碼都視為個人資料納入管制對象，業者在歐盟境內使用Cookie時，必須取得使用者的同意。App廣告的廣告ID（iOS的IDFA、Android的GAID，Google Advertising ID）也一樣，因此要請歐盟圈的使用者使用App時，一定得先獲得允許才能取得這些識別碼。

最近可能也有人遇過這種情況：造訪網站時出現「是否同意這個網站使用Cookie？」的彈出式視窗，卻因為不明白這是什麼意思而不知該怎麼處理。其實這正是網站擁有者在徵求使用者：「請問可以使用Cookie取得與保存你的個人資訊嗎？」

如果使用者選擇「拒絕」，那麼使用者之前造訪過哪個網站，以及根據這些資訊推測出來的個人興趣等資料就無法使用了，如此一來定向的精準度就會變得很低。

平臺營運商技術上的管制

被稱為平臺營運商的大型網路服務企業，也因應國家或政府機關的管制，又或者領先前者一步，推出各種隱私權保護措施。Apple就是具代表性的例子。近年Apple狂打聚焦於「保護隱私」這點的電視廣告，令筆者個人非常驚訝，感受得到Apple是認真的。

Apple提供的作業系統（電腦的macOS與智慧型手機的iOS等）有著傲人的市占率，而搭載在這些作業系統上的瀏覽器「Safari」也持續研發與強化ITP（Intelligent Tracking Prevention）功能。

ITP是以保護使用者隱私權為目的，防止網站取得資料（追蹤）的功能。Apple在2020年3月更新的部落格文章〈Full Third-Party Cookie Blocking and More〉中宣布，Safari瀏覽器已完全封鎖第三方Cookie的取得。

　　此外，2020年9月推出的iOS 14，把iOS裡Safari以外的瀏覽器也列為ITP的對象，Google Chrome等等的瀏覽器當然就不用說了，連X（Twitter）與LINE等其他App內建的瀏覽器（Webview）也適用ITP，因此要向iPhone使用者取得第三方Cookie變得很困難。

　　放眼全球，現在的使用者絕大多數都是透過行動裝置造訪網站，而且Apple的iPhone在許多國家都是頂級的智慧型手機品牌。尤其日本在國際上也是iPhone市占率極高的國家，這種技術上的管制對日本的數位廣告生態系可以說有很大的影響。

　　不只Apple，Google也宣布Chrome瀏覽器未來將禁止存取第三方Cookie（只不過期限一延再延）。今後跨網站或企業的個資分享將會受到更強的管制，而第一方資料的重要性也會與日俱增吧。
　　對廣告主而言，在擁有獨家資料的媒體上刊登廣告，以及可將第一方資料轉換成價值的科技應該會變得越來越重要。

App老師專欄⑨

IDFA問題

隱私權的管制越來越強

接著進入下一個專欄。上一個專欄介紹了網路的隱私權保護浪潮。那麼，App業界又是如何呢？

從結論來說，這種關於隱私權的管制也在App廣告上加速進展，未來全球應該也會繼續朝加強管制的方向邁進。日本同樣為了因應數位時代，而在2022年4月實施《個人資料保護法》修正案。

就今後的方向來說，被視為「個人資料」的範圍，很可能不只使用者的姓名與住處等「可直接辨識個人的資訊」，還會擴大到與網路活動有關的資訊。

換言之，不光是網路的瀏覽記錄與搜尋記錄，連位置資訊的資料、IP位址等識別碼也會包含在內。

從前的管制並不嚴格，原則上業者可以自由取得與使用個人資料（Opt-out），只要採取「等使用者主動提出要求時再刪除取得的個人資料」這種做法就好。但是，最近幾年為了提升使用者的權利，讓使用者能夠自行掌控個人資料，這方面的管制不斷加強。

具體來說，業者不只必須公開隱私權政策，還要做到「向使用者明

確告知業者會蒐集哪些資訊」、「取得資訊前必須先獲得使用者的允許」，以及「使用者拒絕時不取得個人資料」（Opt-out）等因應措施。

對App業者影響特別大且具代表性的例子，就是與iOS（Apple）的IDFA、Android（Google）的GAID相關限制。IDFA是ID for Advertising的縮寫，GAID則是Google Advertising ID的縮寫，兩者都是只用於廣告的識別碼。

智慧型手機剛問世時尚不存在這個識別碼，當時裝置ID（工廠出貨時各行動裝置被賦予的專屬ID）也被用在廣告的定向或追蹤上。

但是，這麼做有個問題：使用者很難掌控自己的識別碼。舉例來說，就算不希望之前被取得的資料繼續被使用，也無法重置ID，或是關閉追蹤。

另外，不能阻止App業者取得自己的資料、不能阻擋一直追著自己跑的廣告……等這些使用者方面的壞處也浮上檯面。

在這種背景因素之下，2013年Apple提供的iOS系統建立了IDFA，Google提供的Android系統建立了GAID，這些都是專門用於廣告的識別碼，此外雙方也規定，廣告的追蹤與定向只能使用這些識別碼。

使用者能夠以各種方式控制自己的廣告識別碼。例如重置ID，或是禁止特定業者或App存取ID。

自2021年春季發布的iOS 14.5以後，這種使用者保護又進一步加強。之前IDFA採用「在預設狀態下業者可取得、使用資料」、「只有在使用者禁止時不可使用」這種「Opt-out」方式（只要使用者不拒絕就視為同意），之後變更成「預設為不可使用」、「只有在使用者明確表示同意時才可使用」的「Opt-in」方式（只要使用者沒同意就視為拒絕）。

有不少人在安裝新 App 初次開啟時,看過如下圖的彈出式視窗吧。

※ https://support.apple.com/zh-tw/102420

對於在 iOS 上投放廣告的廣告主與廣告科技業者而言,IDFA 是唯一獲准用來詳細進行使用者識別的信號。

如果不使用 IDFA 就不會知道看廣告的人,以及經由廣告展開行動的人是誰,如此「以人為本」的定向廣告就無法使用了。尤其再行銷解決方案更是受到很大的影響。「辨識使用者」對社群媒體廣告的定向而言也很重要,因此以 Meta 為首的社群媒體平臺 App 廣告部門也受到不少影響。

另外,廣告成效也無法像之前那樣測量。雖然 MMP 也有提供將 ID 位址與裝置資訊等廣告 ID 之外的可取得信號組合起來進行推測的測量手段(機率模型),但跟 IDFA 相比精準度仍低了一點。

實際上究竟有多少使用者選擇「可以取得我的 IDFA」呢?目前有好幾份相關的調查,例如美國企業 Singular 的調查資料顯示,無論哪個國家選擇同意的使用者都不到一半,至於日本只有 25% 左右。

畢竟App廣告並沒有消失，App的廣告科技企業並未因此完全被消滅，而且受到的影響也因公司而異。

此外如今也仍持續研發遵守隱私權規定又能提高廣告主廣告成效的技術，例如前述的推算式測量與成效增幅（測量特定廣告帶來「淨增」影響的統計手法，若只看追蹤工具上的安裝次數是無法掌握到此影響）等新的測量手法，以及根據這些資料透過機器學習提高廣告成效的科技等。

高隱私時代的2個注意要點

不只Apple的iOS系統，Google的Android系統目前也開發了不依賴廣告ID的「Privacy Sandbox」新技術，加強隱私權管制似乎可說是不可逆的趨勢。面對這些措施，App業者有必要先重新掌握2大要點。

第1個是在全球開展業務時的注意要點。世界各地政府都在實施有關隱私權保護的管制。日本公司在海外開展數位服務時必須遵守當地規定，否則會有受到制裁（如鉅額罰金）的風險。總之必須仔細掌握各地法令。

第2個要點是，提供電腦或智慧型手機的作業系統，以及主要的瀏覽器應用程式等這些基礎的海外企業，其中又以Apple及Google為首，他們訂立的規則會帶來決定性的影響。我們必須隨時追蹤最新資訊，否則有可能老是採取過時的措施。

在這股加強管制的浪潮下，對於想推廣、宣傳自家App的企業或行銷人而言，重要的是什麼事呢？

筆者認為，在這樣的背景下應該建立這個前提：過去那種使用IDFA等識別碼的精準（掌握各個使用者的活動）定向或追蹤已經無法使用了。重要的是實施措施與驗證成效要盡量改以「群」為對象，以概念來說就是要思考「向什麼樣的族群或團體的使用者，訴求什麼樣的價值，會有多少人展開行動」。

此外還有一件很重要的事,就是要比之前更加珍惜既有的使用者,也就是眼前的顧客。只要能與使用者維持關係,就算不打廣告,使用者也會一直使用App,公司也能一直獲得收益。

這些使用者就像是在跟各位的App表明「可以安裝在自己的智慧型手機裡喔」、「可以取得自己的資料喔」、「要用這些資料提供好服務喔」,因此各位也可以採用推播通知之類可活化互動的方法來維繫關係。

最後聊個題外話。如同前述,藉由實施GDPR來具體進行嚴格的隱私權保護與管制的歐洲,本來就是非常注重個資的地區,他們認為個人資料屬於「基本人權」,自己的資料應該要能自己掌控,不能讓業者自由取得與利用。

此外,以GAFA為首的美國企業擅自取得個人資料大舉開展業務,據說也令他們反感或產生危機感。

各國與各地區針對大型網路企業提出的管制,背後有著這類文化因素或地緣政治因素。其他例子還有中國開發的TikTok服務,因美中政治關係緊張,導致TikTok在美國國內的業務受到各種限制。

不光是各家企業,各個國家與地區的意向或策略等也要留意與關注,如此一來或許就能更加容易瞭解、預測科技業界今後的動向。

Chapter

8

產生詐欺、作弊廣告的「廣告詐欺」機制與對策

所有的數位廣告都能正常地
為廣告主的事業做出貢獻是最理想的，
但遺憾的是現實中出現了
「與廣告有關的詐欺或作弊行為＝廣告詐欺」。
為了避免各位的 App 或企業受害，
又或者已經受害的話，
請跟著我們一起來學習如何識破廣告詐欺吧。

廣告詐欺的基礎與對策

廣告詐欺（Ad Fraud）是指數位廣告的詐欺行為與作弊廣告，以及對廣告主不當榨取廣告費的機制。這裡就來談談廣告詐欺的傷害與對策。

廣告詐欺是哪一點不對？

說到廣告詐欺，最簡單易懂的例子就是，**以不正當的方式製造數位廣告的曝光或點擊的詐欺行為（或業者）**。例如，廣告實際上並未顯示或被點擊，卻偽造「有顯示或點擊」的成果，或是觀看與點擊廣告的不是真人而是機器人（Bot）。

如果廣告主投入廣告費用，卻在不知情的狀況下遇到這種廣告詐欺，這樣不僅沒能讓消費者看到廣告，還浪費了寶貴的廣告費。

圖 8-01　廣告詐欺的運作方式

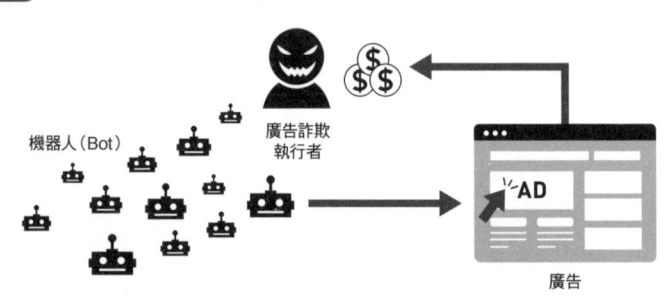

錢的問題

廣告詐欺為什麼不對呢？其中一個原因就是前面提到的「浪費錢」。

全球最大的MMP之一AppsFlyer在2020年8月發表的調查結果[※]中指出，安裝詐欺的被害金額當中，有將近60％發生在包括日本在內的APAC（亞太）地區，至於金額居然高達9億4,500萬美元（約新臺幣300億元）。

> **參考**
>
> ～全球被害金額最高的地區是包含日本在內的APAC～
> AppsFlyer公布有關行動廣告作弊最新狀況的報告
> https://prtimes.jp/main/html/rd/p/000000026.000016963.html

該調查也公布了一個令人驚訝的結果：日本的平均安裝詐欺率大約10％。也就是說日本各公司的行銷花費竟然有10％都流向詐欺業者，這個數字絕對不算少。

另外，發源自日本、提供廣告詐欺檢測解決方案的企業Spider Labs，也在其發表的調查[※]中指出，企業的網路廣告最多有20％存在著廣告詐欺的風險，2021年日本國內的被害總金額估計有1,072億日圓左右（約新臺幣230億元）。

> **參考**
>
> 廣告詐欺調查報告　2025年全年版
> https://jp.spideraf.com/adfraud-report-whitepaper

廣告詐欺也有各種類型，但看來無論哪種類型，確實都會對投資廣告的企業荷包造成龐大的損失。換句話說，企業的廣告費很容易就被施行

廣告詐欺的不肖業者騙走了。

妨礙企業做出正確的行銷決策

接下來的問題是「行銷決策失準」。

發生廣告詐欺時，絕大多數的企業當然都沒發現自己被騙，依然繼續刊登廣告（當中也有發現是詐欺後仍繼續刊登的廣告主，或繼續販售的廣告代理商。關於這種組織結構上的問題稍後會再說明）。

舉例來說，假設我們為了促進使用者安裝App而刊登廣告。這個時候，發生廣告詐欺的媒體（廣告聯播網）報告的安裝次數，比使用者實際安裝的次數還要多，於是行銷人員就誤以為自己「以便宜的安裝成本獲得許多安裝成果」，並根據這個錯誤認知來做出決策。

最後就有可能發生，因為「顧客取得成本高」而不重視廣告詐欺率低、能獲得優質使用者（活躍率與LTV等指標都很好）的優良廣告媒體，反而將更多的預算分配給廣告詐欺很多的廣告媒體。

為了偽裝自己帶來很好的成效，廣告詐欺會巧妙地製造虛假的數字。這不僅會對企業造成直接損失，害他們把錢花在單純只是發生廣告詐欺的媒體上；還會造成機會損失，減少企業對其他優質媒體的投資。這個錯誤的決策，會造成這2種損失而阻礙事業成長。

廣告詐欺的類型

這裡就將廣告詐欺分類，介紹幾個「廣告詐欺的發生模式」。

廣告詐欺有10多種類型，而且為了因應廣告投放平臺與測量工具提出的防範措施，廣告詐欺的種類、手法與精準度等也日新月異（真希望他們能把技術與熱情用在對人類更有幫助的事情上）。

若要詳細說明所有類型，內容多到足以寫成一本書，因此這裡就只解說App上特別常見的4種廣告詐欺類型與特徵。

1. 機器人

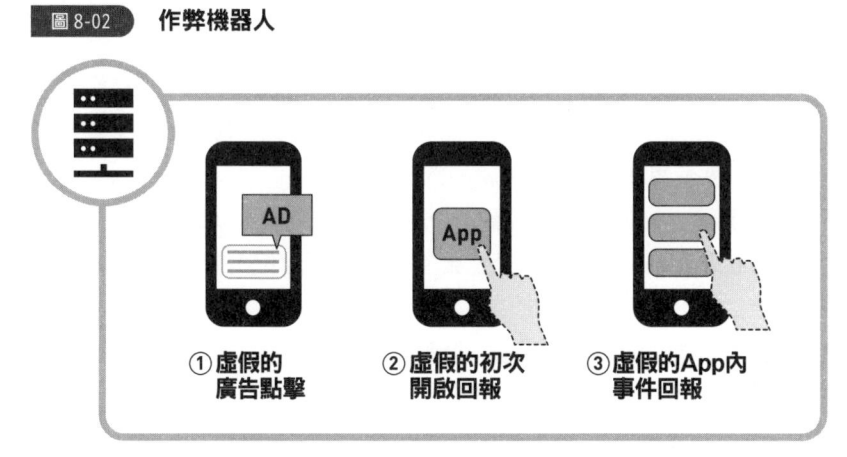

圖 8-02 作弊機器人

① 虛假的廣告點擊
② 虛假的初次開啟回報
③ 虛假的App內事件回報

※ 參考（圖8-02～圖8-05）：什麼是作弊廣告「Ad Fraud」？徹底解說識破方法與避免被騙的對策！（Repro）
https://repro.io/contents/eventreport-appsflyer2-2/

這是什麼樣的廣告詐欺？

- 業者製作作弊機器人或是程式，以不正當的方式製造曝光（顯示廣告）、點擊、安裝。實際上並未獲得成果，廣告主卻要支付廣告費
- 由於是機器人而非真人，安裝以後完全不會進行開啟App、註冊會員、付費等安裝後的重要行動。因此，無論CPI（每次安裝成本）有多低，若以CPA（獲得採取特定行動的使用者之成本）或ROAS（廣告投資報酬率）等KPI來看，成果其實非常差
- 最近機器人也進化了，還出現如「內購機器人」（嚴格來說，機器人並未實際進行App內購買，只是向測量工具發送已購買的記錄資料）這種類型。筆者也實際遇過好幾次這種狀況：MMP上不只有安裝還有購買的記錄，但廣告主的顧客資料庫或App商店卻沒留下該筆資料

識破方法與對策

- 使用機器人製造成果的特定投放版面或媒體，其CPA或ROAS會變得

很差，因此應該先懷疑這樣的媒體
- 若想識破如內購機器人這種，連安裝後的行為都施以不正當操作的詐欺，只能觀察資料找出不自然之處。例如，測量工具與自家伺服器之間的資料落差，或是付費之外的事件發生次數及轉換率等等
- 另外，機器人製造的假資料，有時會發生參數缺失，或是不自然偏向一方的情況。負責人員必須具備專業知識，否則很難識破，不過有些情況只要使用詐欺檢測工具就能發現
- 至於對策，首先要以「不看CPI，而是以CPA或ROAS為衡量指標進行最佳化」為前提，這點很重要。接著，找出沒帶來成果的媒體，或特定的中間指標出現異常值的媒體，如果可以的話也要導入詐欺檢測工具，這樣一來就更讓人安心了吧

2. 裝置農場（Device Farm）

圖 8-03 裝置農場

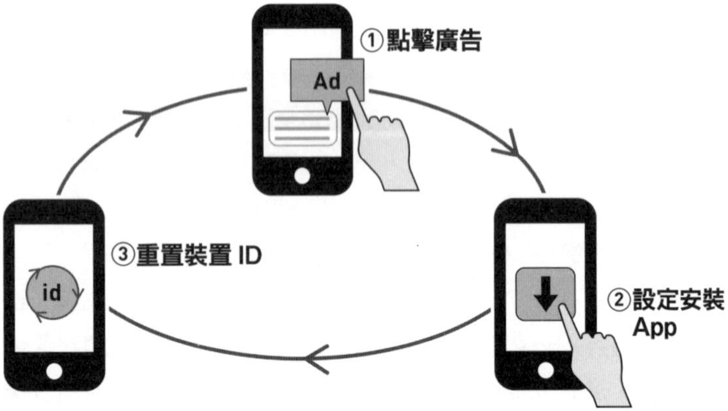

① 點擊廣告
② 設定安裝 App
③ 重置裝置 ID

這是什麼樣的廣告詐欺？
- 這是一種假裝從數量比實際還多的裝置獲得成果的手法
- 執行方法就是用1臺裝置反覆進行「接觸廣告」、「下載App」、「重

置ID」這幾個步驟，營造出好幾臺裝置下載了App的假象。本來裝置ID原則上是1臺1個ID，這種手法則是藉由重置來生成許多ID，所以才會被稱為「裝置農場」

識破方法與對策

- 由於此手法隱匿性高，很難識破，對廣告主而言是很惡劣的詐欺行為。跟前述的機器人不同，這種手法是由真人操作實體裝置，因此每一筆資料看起來都更為自然
- 如果只有特定投放版面或廣告聯播網的點擊率或安裝率特別高，這種情況或許就可懷疑是詐欺。但是，光憑這點無法作為發生詐欺的積極證據
- 若要正確檢測，最快的方法還是使用專門的工具深入檢視資料，找出不自然之處。例如檢測出安裝都來自同一個IP位址、作業系統版本或裝置製造商

3. 點擊氾濫（Click Flooding）／垃圾點擊（Click Spamming）

圖 8-04　點擊氾濫

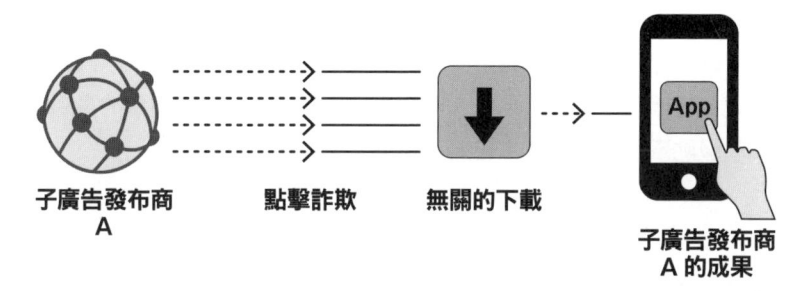

子廣告發布商 A　→　點擊詐欺　→　無關的下載　→　App　子廣告發布商 A 的成果

這是什麼樣的廣告詐欺？

- 實際上並未發生點擊，卻假裝某個App「發生點擊」，然後將大量的點擊記錄發送給測量工具。特別常被使用的是背景常駐的App（啟動器App、記憶體清理App、省電App等），原因是可隨時產生點擊

- 最終點擊會讓測量工具認為，許多安裝成果都是來自該款App或廣告聯播網，於是他們就能賺到錢
- 尤其對CPI型聯播網而言是很有效的手法。這是因為，點擊幾乎不花成本（只須花費發送資料的那幾分鐘的伺服器成本），卻能按安裝次數獲得相應的收益。這種情況就像是給進貨成本幾乎為零的商品標上價格販售
- 沒發現這點的廣告主會產生「用很低的CPI獲得了安裝」的錯覺，開心地將預算分配給不肖業者
- 實際上，這只是從其他的廣告媒體或自然安裝（「不是起因於任何數位廣告」，而是電視廣告或公關宣傳、口碑等促成的安裝）那裡搶走成果，並不是這個廣告吸引使用者安裝。從其他媒體的角度來看，因為自己的安裝成果被搶走了，導致成效看起來會比實際的低（CPI比實際的高）
- 最後會導致廣告主容易做出「減少本來對事業有貢獻的媒體預算，增加廣告詐欺媒體的預算」這種本末倒置的決策，造成嚴重的問題

垃圾點擊的衍生類型

- 給點擊次數灌水的方法，還有實際上是曝光（只有顯示廣告），卻當作點擊計算（廣告背後觸發的是點擊網址而非曝光網址）的手法
- 若要嚴格定義的話，這種手法與其稱為廣告詐欺，稱之為竄改歸因比較正確，但因為「故意讓點擊次數看起來比實際的多」這個目的與對策都與垃圾點擊很相似，故本書將這種手法算在廣告詐欺內※

> **參考**
>
> **廣告明明只是被觀看，**
> **怎麼變成被點擊？**
>
> https://note.com/tatsuojapan/n/ne30fbde9d2cd

識破方法與對策

- 廣告這種東西,本來就是看過的人當中只有幾%會感興趣而點擊,點擊的人當中只有幾%願意安裝。除非是像搜尋廣告這種只有具特殊意圖的使用者才會接觸的廣告,否則原則上點擊率與安裝率不太可能達到數十%的水準
- 但是,點擊次數灌水型的詐欺,卻能締造出高到「難以想像」的點擊率。有的點擊率將近100%,當中甚至還有超過100%的。然而從原理來看,點擊的人不可能比看廣告的人還多
- 因此,第一步先檢查各廣告媒體或放送廣告的App的點擊率與轉換率,如果高得離譜,或是與其他媒體的差距極大就可以懷疑是詐欺
- 另外,實行這種廣告詐欺的業者,為了避免虛假的點擊被人識破,往往不會揭露曝光次數與點擊次數,或是不揭露「發生在哪個App上」這類詳細資訊。缺乏透明度的廣告媒體,縱使表面上的成果看起來不錯也要心存懷疑,這種時候建議向該廣告媒體問個清楚,或是找專家諮詢、使用詐欺檢測工具等等

4.安裝劫持

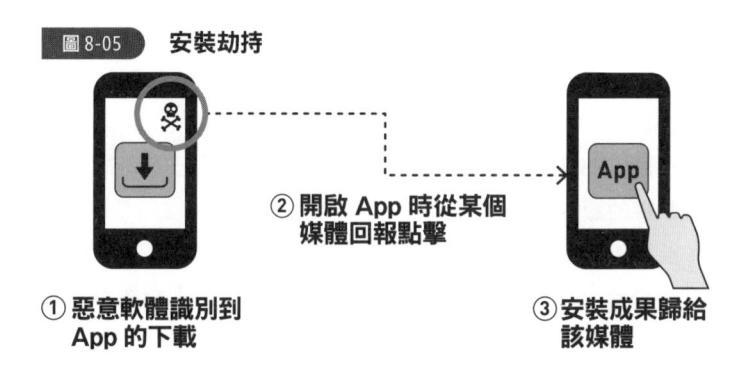

圖 8-05　安裝劫持

① 惡意軟體識別到App 的下載
② 開啟 App 時從某個媒體回報點擊
③ 安裝成果歸給該媒體

這是什麼樣的廣告詐欺?

- 讓使用者所用的裝置感染惡意軟體後,自動生成顯示廣告或發生點擊

的記錄
- 跟前述的點擊氾濫和垃圾點擊十分相似,都屬於「搶奪其他媒體或自然安裝的安裝成果」類型的詐欺,不過安裝劫持的偽裝水準更高。前者是隨機點擊,安裝劫持則是當使用者下載某款App並第一次開啟時,搶在測量工具把「發生安裝」的記錄發送給測量工具的伺服器之前,準確地將「點擊」資料發送給同一個伺服器(這種插入「點擊」資料的行為稱為「點擊劫持」)
- 這樣一來,即便使用者實際上並未接觸該媒體的廣告,資料上仍會在安裝記錄之前出現「看過/點擊過廣告」的記錄。因此,測量工具就會判斷「這次的安裝,是這個媒體帶來的成果」
- 若要比喻的話,這種手法就像是客人本來看了美食雜誌後打算去「坂本居酒屋」,卻在走進這家店之前被吆喝著「歡迎光臨!現在可以馬上入座喔!」的拉客員硬是帶進店內,結果被誤以為「是拉客員把客人帶來」。而且,那位客人原本就想來這家店。客人確實在這家居酒屋飲食,因此客單價之類的指標並不差。照理說是美食雜誌帶來成果,但雜誌的效果卻沒被發現,因此分配廣告預算時就很難做出最佳分配
- 低估本來對獲客有貢獻的媒體、行銷判斷失準、花費本來不需要的媒體成本……,很顯然的,繼續這樣下去的話必定會妨礙事業成長

識破方法與對策

- 可透過MMP確認的CTIT(Click to Install Time,點擊到安裝時間)是能發現安裝劫持的線索之一
- 點擊廣告(此時點擊會留下記錄)→前往App商店→下載App→開啟App(此時安裝會留下記錄)這一連串的整個程序,真人很難在數秒內完成
- 如果CTIT未滿10秒的使用者很多,就可以認為極有可能遇到安裝劫持。實際上這種時候觀測到的CTIT很多都在1秒以內

> **POINT**
>
> ◉廣告詐欺是持續給App廣告業界造成不少損失的社會問題,你也十分有可能會受害。
> ◉廣告詐欺有幾種類型,瞭解運作方式後就能識破其中一部分,或是能找出該追究的可疑之處。

App老師專欄⑩

「因為廣告聯播網效果不好,決定只續用電視廣告,以及在CPI便宜的某媒體投放廣告」的危險狀態

自己也要檢視數字,從中發現「奇怪」之處

標題是筆者聽過的真實案例。要是不小心中了正文解說的「點擊氾濫」圈套,就會陷入「行銷(乃至經營)決策失準」的狀態。

舉例來說,假如公司內部認為成效很好的CPI媒體(其實是廣告詐欺業者)跟自家的App真是絕配,就會停止使用其他的獲客型廣告聯播網等媒體,把大筆大筆的錢都砸在電視廣告(有意義的大眾媒體策略)與廣告詐欺業者(沒意義的獲客媒體)上。

從結構來看,前述廣告詐欺媒體帶來的安裝,其實只是因為打了電視廣告才會發生,但公司卻誤以為這些成果都要歸功於該媒體的貢獻。

不過,就算停止在廣告詐欺媒體上投放廣告,整體的安裝次數也幾乎不會有什麼改變。最大的受害者是不小心阻礙了App成長的刊登主。

具體而言,什麼樣的情況應該要覺得「奇怪」呢?舉例來說,筆者曾親眼見過,廣告代理商發送給廣告主的報表中,只有1家媒體的CTR(點擊率)是99.5%,其他媒體的CTR都是0.9〜1.1%。

當時的狀態就像這樣:

・正常的媒體：
→當 imp 100 萬次、click 1 萬次、安裝 500 次時，CTR 1%，CVR 5%

・廣告詐欺媒體：
→因為 imp 100 萬次、click 99 萬次、安裝 500 次，所以 CTR 99%，CVR 0.045%

可以從中發現有異常值。

不消說，這裡毫無疑問存在著可識破詐欺的線索或該懷疑的地方。要找出這種可識破詐欺的關鍵點，不能都交給廣告代理商等外部人士製作的報表，自己也要檢視數字、瞭解內容才行，身為行銷人必須要清楚知道各指標的業界「行情」。

為了消滅廣告詐欺

跟筆者交情不錯的某遊戲公司老闆，雖然把廣告委託給廣告代理商操作，不過自己也會每天仔細檢視數字，如果發現像上述那種差異大到不自然的數字，或是前一天開始出現很大的變動等情況，就會立刻請廣告代理商調查。如果廣告代理商的回覆讓他無法接受，有時還會直接詢問媒體，也就是筆者本人。

筆者認為這代表他的成本意識，以及為了成長想進行正確投資的熱情就是如此強烈。希望所有 App 行銷人員都要具備這樣的經營者觀點、當事者意識、數字感以及知識，並且朝著消滅廣告詐欺的目標大步前進。

> 那麼，要怎麼做才能識破廣告詐欺呢？接下來就帶大家看看具體的方法吧。

運用檢測與防範工具

首先，第一個方法就是運用工具。MMP（Mobile Measurement Partner）日以繼夜地開發檢測與防範廣告詐欺的工具，而且通常會將這類工具與測量工具一併當作解決方案提供。除此之外，還有其他第三方獨自開發、提供的解決方案，以下就簡單介紹這些工具與特徵。

①AppsFlyer「Protect 360」

AppsFlyer是全球市占率最大的MMP之一。因為有許多世界各地的廣告主使用，故不只正常的廣告，關於廣告詐欺的類型也蒐集了許多樣本資料。

如果採用AppsFlyer作為App的歸因工具，可以使用付費的追加功能「Protect 360」。這個工具能即時分析每天累積的廣告相關資料，找出與他們蒐集到的廣告詐欺類型相符的廣告。

此工具的特徵之一，就是除了與安裝有關的作弊行為外，App安裝後利用機器人等方式進行的作弊行為（虛假的付費資料等）也能夠檢測出來。此外，還能提供各廣告媒體的作弊率，也能夠存取原始資料（Raw Data）。

②Adjust「防作弊」

　　Adjust和AppsFlyer一樣，也都是全球市占率最高的MMP之一。Adjust也有提供進一步檢測、防範廣告詐欺的付費功能，只是該功能並沒有取個像「Protect 360」那樣響亮的名稱。

　　防作弊功能是掌握作弊業者的特徵（例如隱藏IP位址）來識破他們，還可根據前述CTIT（Click to Install Time，從廣告的最終點擊到安裝的時間）的異常值檢測出點擊劫持（據說此功能是透過串接Google Ads的API來實現的）。

　　Adjust也與主要的廣告聯播網進行資料串接，因此若安裝被判定為詐欺，廣告聯播網的管理後臺也不會馬上計入成果。畢竟事後修正數字是一件既枯燥又費事的工作，對行銷人而言這是很令人開心的功能。

③第三方的解決方案

　　除了MMP提供的工具外，還有幾家獨立的企業提供可檢驗廣告是否正常投放的解決方案，後者大致可分成2類。

　　第一大類，是以DoubleVerify以及CHEQ為代表的廣告驗證（Ad Verification）工具。這類工具能在各自擅長的領域驗證使用者與廣告之間的接觸是否正常，例如廣告是否在可保障品牌安全的媒體上投放、點擊有無異狀等等。

　　第二大類，是Spider AF與Momentum等日本開發的作弊檢測工具。這些業者表示，MMP都是海外企業提供，因此若是使用在日本國內流通的裝置，或是必須拉高到都道府縣層級才看得出問題的不自然資料來檢測作弊行為，MMP能夠發揮的實力有限。

　　就筆者知道的幾次情況來說，把MMP的資料交給他們檢驗，確實馬上就能檢測出有作弊嫌疑的媒體。個人覺得，這就像帶著健康檢查的資料到其他的醫療機構尋求第二意見（Second Opinion）一樣。

- 265 -

廣告詐欺的個案研究

雖然有上述這些解決方案，現實中仍然會發生廣告詐欺。因此接下來就透過個案研究，向各位介紹具體的案例，以及筆者採取什麼樣的具體行動來識破廣告詐欺（※這是過去發生的事，如果是有上述功能的MMP就可能不會發生，或是能自動檢測出來）。

在筆者任職的Moloco，曾發生某個客戶的成效於某個時間點明顯低下的情況。詢問客戶是否在那個時間點做了什麼變更後，客戶表示當時他們開始在另一個廣告聯播網投放廣告。

在嚴格的資訊管理下，筆者請該客戶提供MMP的原始記錄來進行分析。結果，筆者發現了幾個令人驚訝的現象。

「在使用者安裝App之記錄的1秒前，有3個不同廣告業者的點擊記錄，從同一個裝置發送過來。」

請各位先停下來想像一下。使用者點擊App的廣告後，前往App Store或Google Play實際安裝，這段過程再怎麼快也要幾秒鐘的時間，若以一般的通訊環境與App的容量來說得花10秒以上。

這個秒數，就是業界的CTIT（Click to Install Time）指標。點擊記錄出現在安裝的1秒前，也就是說CTIT＝1秒，各位會不會覺得以現實角度來看這個指標很奇怪呢？

另外，通常使用者在觀看並點擊廣告之後，就會前往App Store或是Google Play，因此實際上不可能會在安裝的數秒前的一點點時間內就點擊了數個廣告。

所以我們可以推測，這個使用者的裝置可能感染了惡意軟體，所以在他下載App後、第一次開啟之前，惡意軟體會將假的點擊記錄發送給MMP。

最後，原本負責放送廣告而且對安裝有貢獻的媒體（以本例來說就

是筆者任職的Moloco），就被不肖業者的媒體搶走成果了。

不消說，MMP當然天天實施對策來應付這種情況，但作弊的那一方也見招拆招，雙方因而陷入你追我跑的膠著狀態。

圖 8-06　**虛假的點擊記錄運作方式**

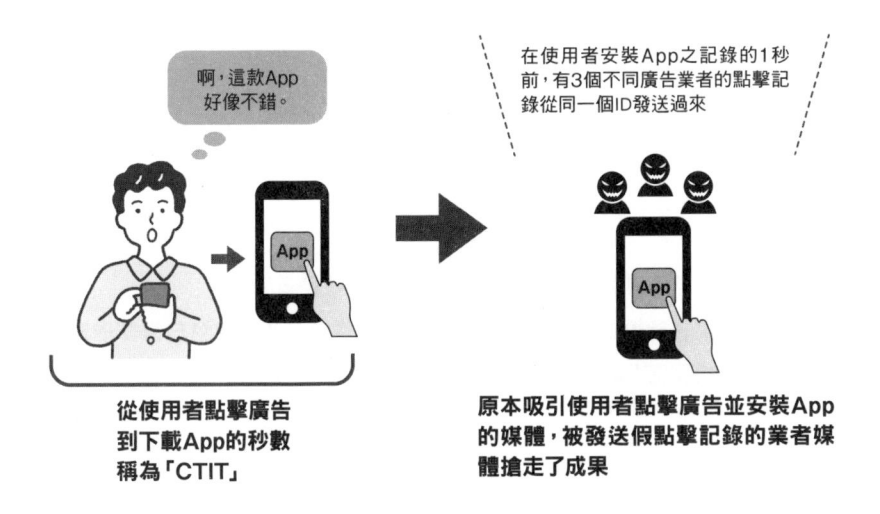

啊，這款App好像不錯。

在使用者安裝App之記錄的1秒前，有3個不同廣告業者的點擊記錄從同一個ID發送過來

從使用者點擊廣告到下載App的秒數稱為「CTIT」

原本吸引使用者點擊廣告並安裝App的媒體，被發送假點擊記錄的業者媒體搶走了成果

從結構來看廣告詐欺是不會消失的

麻煩的是，發生這種情況時，行銷負責人員會產生「想要放過」廣告詐欺業者的心理。

這裡就假設正常放送廣告的媒體CPI（每次安裝成本）是500日圓，以這個例子來想一想這個問題。廣告詐欺能將幾乎不花成本、由機器製造的虛假安裝，或是從其他媒體搶來的安裝變成自己的成果，因此價格要怎麼訂都可以。所以他們才敢標榜「CPI 100日圓」，若無其事地宣傳自己「成效很好」。

想提高獲得使用者的效率、締造實績的行銷負責人員，以及想向廣告主報告好成效的廣告代理商，有可能會將廣告詐欺業者視為「對自己有利的」媒體。不消說，這當然是沒有成本效益的投資，而且還會使決策失

準，對事業的成長有很大的負面影響。

　　筆者認為，業界存在著這種廣告詐欺不會消失的結構是一個大問題。為了消滅廣告詐欺，筆者想在本章的最後一節談談，整個業界裡有誰因為廣告詐欺而獲得了什麼好處，以及筆者希望閱讀本書的各位對於這件事能有什麼樣的認識與行動。

　　尤其是真心想讓App成長的行銷負責人員、負責領導行銷部門的人士，以及必須考量公司整體投資報酬率的經營層，希望你們能夠仔細瞭解這個部分。

POINT

- 廣告詐欺不只浪費廣告費，還會導致行銷決策嚴重失準。
- 要學習廣告詐欺的類型與對策，並培養能從每天的報表資料與實機記錄等資料發現「異狀」的技能。

為什麼會發生廣告詐欺？

為什麼廣告詐欺對業界的某些人來說是「有利」的呢？本節想按照各市場參與者重新整理業界的慣例與結構，並說明筆者認為的結構性因素。

相關者①廣告主（推展App的商業公司）

廣告的起點，當然就是想刊登廣告（推展App）的商業公司。他們刊登廣告的根本目的，是獲得優良顧客使事業成長，但因為數位廣告的種類、成效衡量及操作都變得多樣且複雜，並不是所有的公司都設定了真正該測量的指標並且建立PDCA機制⋯⋯，這是筆者個人的感想。

因此，即便是擁有較多預算的廣告主，往往也會選擇容易思考的指標與機制，那就是以「CPI（Cost Per Install）」為指標，以效率性（用便宜的成本獲得許多使用者）來評估廣告的成效，並且將實際的操作與報告委託給廣告代理商。

落入「便宜沒好貨」的惡性循環

對以App為接觸點的事業而言，安裝是重要的顧客入口，因此CPI的確是最重要的一項指標。另外，如果公司內部資源或預算有限，或是無人具備App的專業知識，那麼委託平時就在業界吸取最新資訊、擁有深厚廣告操作知識的廣告代理商，自然也是重要的選項之一。

但是，商業公司的行銷人員（如果再細分的話就是廣告負責人員）這時若是停止思考，就有可能把（看似）「更便宜地（有效率地）獲取安裝」當作任務，只顧著追逐這件事，最後滿足於看到廣告代理商回報「本

月刊登的這些廣告,以低於上個月的CPI獲得安裝成果」。

於是就會發生上一節提到的狀況——被「假裝成」用便宜成本獲得許多安裝成果的廣告詐欺給騙了。

筆者實際見過的行銷人當中,甚至有人明知道那是廣告詐欺媒體,仍刻意繼續分配大筆預算給該媒體。因為這麼做能讓自己的成績看起來很好,在公司內部獲得很高的評價。

還有一個原因是,這位行銷人的上司缺乏數位廣告與App廣告的知識,所以很難想像與識破「壓低成本獲得許多安裝」這個表面上的成果背後是怎麼回事。

如果設定的目標與評價標準不正確,負責人員就會刻意或在無意間落入「便宜沒好貨」的惡性循環。這個部分考驗管理層是否具備正確的相關知識。

相關者②廣告代理商

在App行銷上,受廣告主委託操作廣告的廣告代理商,一般都是採取靠手續費獲利的商業模式,而且向客戶收取的費用通常高於「廣告刊登金額(媒體費)乘上一定的手續費率(例如20%)」。

基本上,廣告代理商只要贏得客戶(廣告主)的信賴,接受客戶委託刊登更多的廣告,操作金額就會增加,如此一來也能增加自家公司的利潤。筆者認為,透過刊登與操作廣告為客戶的事業成長帶來價值,是廣告代理商業務的根本意義,但上述的商業模式未必都會朝那個方向邁進。

這是因為,如果客戶(商業公司)有著「想便宜、有效率地獲得App的安裝」這種需求與CPI目標,廣告代理商本身也得跟其他的代理商競爭才行,於是就會產生「要盡可能滿足客戶需求」的壓力。

最後,廣告代理商就必須選擇勉強能達到CPI目標的媒體與操作方式。假如在各種媒體當中,發現CPI(看起來)格外出色的媒體,要滿足廣告主需求的廣告代理商自然會想要採用該媒體,那麼這種心理就不難以

理解了。

假使該媒體的廣告詐欺比例很高、感覺很可疑，或者早就知道那是廣告詐欺媒體，只要沒被發現，廣告代理商就能一直滿足客戶的「以更便宜的成本獲得更多的安裝」這個需求。

要是連客戶這邊的負責人員都有「就算很可疑，但只要成果看起來不錯就OK」的想法，這樣一來就再也沒人有誘因去停止這種事了。實在很可怕。

回扣的問題

另外，有些廣告代理商設有面對廣告主的團隊，以及面對廣告媒體的團隊，眾多的媒體都會向後者推銷，拜託他們「可以優先賣掉我們家的媒體嗎」。筆者也因為工作關係，常有機會跟這種部門的人士共事。

廣告代理商在決定要分配多少預算給哪個媒體時，或是在選擇想要推薦的「重點媒體」時，不見得都是只看成效來做決策。

這時會造成影響的因素之一是媒體提供的誘因，也就是「如果幫我們賣這麼多，就會給你們這麼多的銷售獎勵金（回扣）」。有別於前述從廣告主那兒賺取手續費的商業模式，這是可同時從廣告主與媒體賺取收益的商業模式，因此有些廣告代理商會覺得吸引力非常大。

由於廣告詐欺公司採取的是容易提高毛利率的商業模式，在這種業界慣例下，他們也願意提供許多銷售獎勵金，向廣告代理商推銷自己。

似乎也有一些廣告代理商認為，就商業模式的結構而言，這種既能取得（乍看）可滿足廣告主需求的「武器」，又有錢可以拿的提議是很令人開心與感激的。事實上甚至還有代理商明確地告訴筆者（媒體）：「我們是根據獎勵金費率來進行媒體規劃的。」

銷售獎勵金本身就類似一般公司發給業務員的獎金，因此筆者並不認為這個東西是不好的。只不過，前提是廣告代理商本來的任務「最大化廣告主的利潤與事業成長」有在正常執行。

廣告主能做的事

從廣告主的立場來看,如果廣告代理商提出的媒體規劃,目的並不是為了最大化自己的成效,而是為了最大化廣告代理商的利益,照理說這應該是無法忍受的事吧。

但遺憾的是,從現實層面來說,廣告代理商與媒體之間有什麼樣的約定,以廣告主的立場是很難完全掌握的。

廣告主能做的第一件事,就是盡量吸收知識。除此之外還要積極參與,例如不看表面上的數字,要廣告代理商把跟事業成長有直接關係的KPI當作目標,以及檢驗報表有無虛假或粉飾、用自家公司的錢投資廣告詐欺檢測工具、仔細研究媒體規劃的內容(看看是否有評價好卻沒包含在內的媒體,或是評價不好卻分到很多預算的媒體等等)。

如此一來廣告代理商也會感到緊張而進行實質的操作吧,此外也可期待整個業界的水準能夠提升並且變得更加健全。

相關者③實行廣告詐欺的公司

廣告詐欺有各種型態,因此很難統一定義實行廣告詐欺的公司所經營的事業,這裡就以經營廣告聯播網的企業為例來說明吧。

沒進貨,只賣廣告的「數字」

再複習一次,廣告聯播網是集結數家媒體公司擁有的「版位」,一起向廣告主銷售的平臺。假設這家企業,一方面採CPI收費模式(每獲得1次安裝就付多少錢)向廣告主銷售廣告版位,另一方面還實行「點擊氾濫」這種廣告詐欺。

點擊氾濫是以不正當的方式製造點擊,搶走自然安裝或本來該歸功於其他媒體的安裝成果。這種廣告詐欺企業,雖然按照CPI從廣告主那裡賺取銷售額,但每一次的點擊都是零成本(因為是機器製造出來的虛假點擊),等於是沒有進貨只賣廣告的「數字」,所以「銷售額=毛利」。前面說明廣告代理商的銷售獎勵金時,曾提到廣告詐欺媒體能有很高的毛利

率，原因就在於這個結構。

此外，在業務銷售成本面上，如果合作的廣告代理商願意為了很高的回扣率努力銷售，自己也就不需要擁有大批的業務員了。於是，能夠藉由販售虛假的成果締造高利潤率的商業模式就這樣形成了。

當事者全向惡靠攏的最壞情況

①～③的各個當事者，各有各的「染上惡習」誘因，不過當他們全湊在一起後，就會引發無限循環的負面連鎖效應，這時要脫離就會變得非常困難。

廣告主這邊的負責人員
- 操作成績看起來很好，所以（就算知情仍）在廣告詐欺媒體上刊登廣告是有好處的

廣告代理商
- （就算是廣告詐欺）只要滿足廣告主的需求，廣告就會繼續刊登，自己也能賺取手續費
- 獲得媒體提供的（廣告詐欺媒體給的、費率特別高的）銷售獎勵金或回扣

廣告詐欺媒體
- 因為廣告代理商積極販售，自己不必費力就能持續獲得業績與利潤

當然，並不是所有的行銷人與廣告代理商都有這樣的壞念頭，想做「真正有意義的」工作的人反而占大多數吧。老實說甚至還有因廣告詐欺多而出名的媒體員工，私底下來找筆者諮詢職涯問題。

不過，要對行銷活動負責的人，以及拿了投資者的錢有義務將ROI最大化的經營者，明知道有可能陷入上述的情況，或是因為不努力去瞭解

廣告詐欺而不採取適當的對策，筆者覺得這也是很不負責任的行為吧。

如何消滅廣告詐欺？

最後，筆者想從App業者的觀點與整個業界的觀點，探討該怎麼做才能消滅廣告詐欺，以此作為本章的總結。

缺乏正確知識時會發生的風險

剛才一邊整理業界的參與者，一邊解說廣告詐欺不會消失的結構性因素。

看完這些內容後，或許有人會這麼想：

「最後吃虧的，只有沒對廣告詐欺採取對策、沒具備正確的測量等機制與觀念的廣告主吧？既然這樣，只要自己設法努力防範廣告詐欺不就好了嗎？」

「對於有知識、能識破廣告詐欺（已獲得這種行銷人才）的廣告主而言，如果競爭對手上了廣告詐欺的當，自家的公司不是反而更能擁有競爭優勢嗎？」

的確，做生意也是一場競爭。但就算如此，從整個業界來看，不健全的廣告詐欺會使各廣告主產生不必要的猜疑心，而各廣告主又會因為猜疑而被迫負擔本來沒必要花費的成本。因為換個角度來看，在各位使用的MMP的費用當中，也包含了他們為了對付廣告詐欺而投入花費的研究開發費用。

另外，筆者一直都在健全的廣告聯播網與DSP企業工作，卻也有過成果老是被廣告詐欺媒體搶走的經驗。有句話說「劣幣驅逐良幣」，如果產出高價值的市場參與者無法獲得高回報，那麼就沒有人會去做對社會有價值的事了。

如果是一路讀到這裡的人，應該已深刻感受到缺乏正確知識會有很大的風險吧。沒有人一開始就擁有專業知識。

尤其是為了事業而開始運用App，或是公司內部還沒有App行銷專家的市場新進者，更是容易受騙、容易吃虧。

一切與廣告主的心態有關

留下這樣的結構，整個App業界還有辦法發展下去嗎？筆者自己是認為還有很大的問題。

或許有人覺得，如果大家都是外行人水準就會形成一場勢均力敵的競爭，但遺憾的是在App領域輕易就能跨越國界（本來是好的意思），因此可能也會有行銷知識豐富的海外專家一同加入競爭，橫掃國內的市場參與者。

那麼，該怎麼做才能消滅廣告詐欺呢？筆者前面提到的「業界」，只不過是願意刊登廣告的事業主、支援事業主的廣告代理商這類行銷支援公司，以及販售提供廣告或產品之媒體的公司等，是一家又一家公司的集合體罷了。

雖然他們都是為了各自的誘因而行動，但極端來說，這件事還是與身為廣告主的企業經營者脫不了干係。筆者認為，他們必須具備正確的知識，不被眼前的數字迷惑，並準備好能幫助事業成長的行銷組織、人才、評鑑制度與環境才行。

假如經營者只會接收報表，詢問下屬「為什麼不能用更便宜的成本獲得使用者？」那麼行銷人員第一線在操作廣告時，也只會維持回應這個要求的水準。

無論新手還是老手、無論是經營者還是第一線的廣告操作人員，期盼本書能夠幫助參與App行銷的所有人士獲得知識，並且希望業界的廣告詐欺能夠因此減少一點。

> **POINT**
>
> ●廣告詐欺發生的原因之一,就是業界形成了享受詐欺好處的結構。
> ●如果各廣告主的行銷人與經營者都擁有正確知識,以及追求實質的事業成長、不容許廣告詐欺存在的心態,就能促使整個App業界變得更加美好。

Chapter 9

邁向推廣與營利的未來

本書已解說完推廣與營利
這2個App行銷的基礎。
不過，如同Chapter 2所述，
行銷原本的作用不只如此而已。
最後一章，筆者想談談
個人認為行銷人應朝向的目標，
以及該完成的工作是什麼。

到頭來，產品出色才是最重要的

前面幾章針對透過推廣增加使用者，以及從使用者身上有效營利獲得業績與利潤這2個部分，為大家解說了理論與實踐。

不過，若以更寬廣的角度來看，這些對事業而言不過是「技術」的部分。

使用者不繼續使用App就沒意義了

假如App的事業規模還很小，那麼即便推廣的安裝成本可改善（便宜）10%，或是LTV可改善（提高）15%，以實際金額來說也只是增加數千日圓的收益罷了。當中還有人認為，改善KPI之外的事情都不是自己的工作。

在思考「要達成最終目的——使事業成長，最有效的辦法是什麼」時，比起改善推廣的設計與實踐（雖然這也很重要），製作使用者想要的App、設計使用者想要的功能其實更加重要。

關於收益性的提升也是一樣，有時比起將廣告的eCPM提升10%，延長使用者使用該款App的時間其實效果更大。

舉例來說，由於安裝App後的新手教學（用法介紹）不易理解，導致許多使用者才剛安裝完就流失了，如果能改善這個部分，或許會帶來更大的收益影響。

換言之，就算再怎麼精通廣告，要是使用者不持續使用App，最後還是沒有意義。必須從功能、品質、易用度等各方面徹底思考，自家的App能否更加接近使用者想要的App。

獲得的資料是既珍貴又嚴厲的成績單

既然這樣，跟產品開發負責人員的工作相比，這本書所寫的內

容——廣告推廣負責人員和營利負責人員的工作，實質上是沒有（或很少）意義的嗎？筆者不這麼認為。

透過包括廣告推廣在內的行銷活動，能夠得到的東西非常多。使用者的意見當然就不用說了，經由這些意見得到的資料也是既珍貴又嚴厲的成績單。

舉個具體的例子，分析搜尋廣告中成效不錯的關鍵字，或許會發現下載App的使用者當中，有許多人的下載目的與開發方當初預設的用意不一樣。

如果經由特定關鍵字流入的使用者留存率很低，就可以針對「這些使用者想要的功能，與現在的產品開發方向是不同的」這點跟產品負責團隊討論。

藉由運用安裝之後的指標追蹤廣告成效，就能掌握導致App使用者流失之處，或是使用者特別喜歡觀看的獎勵影片廣告種類等動向。將這些蒐集到的資訊告訴產品開發團隊，還能幫助他們擴充功能、改善UI（使用者介面）。

或許在某些組織裡，行銷人員的工作只限於廣告推廣與營利這種技術性的範疇。但筆者認為他們的工作不只如此，如果他們能運用從行銷或營利工作獲得的洞見來使產品變得更好，就能做到對事業成長有更大影響的事。

這樣一來，不只廣告的KPI，還能學到有關業績、利潤等經營指標與產品的知識，對自己的職涯發展也會更有幫助不是嗎？

行銷人在開發階段應發揮的作用

關於行銷人在App的開發上，特別該參與的設計或改善活動，筆者

想在這裡舉2個具體的代表例子。第1個是使用者測試，第2個是新手教學設計。

使用者測試（或是可用性測試）

使用者測試是向使用者提出「任務」，然後觀察使用者執行「任務」的過程，驗證App設計上的假設，或是找出對使用者而言不易使用、容易流失的部分。

> **參考**
>
> **透過使用者測試案例學習App的UI設計**
> http://www.tatsuojapan.com/2014/06/

進行方式

① 準備「使用者」、「主持人」、「觀察者（記錄）」這3個角色。
② 「使用者」在指定的App上執行主持人提出的「任務」，邊做邊說出自己的想法或感受（這種方法稱為放聲思考）。
③ 「主持人」負責給使用者「任務」，讓測試順利進行下去。此時最該注意的是，絕對不能引導使用者。
④ 因為這項測試，是要驗證使用者對事前建立的假設有什麼樣的反應，以及有沒有其他會掉進的「陷阱」，當主持人干涉使用者時，這項測試就失去意義了。
⑤ 「觀察者」則負責記錄從使用者的行動或言論得到的洞見。目標是盡可能深入地挖掘洞見。

圖 9-01　**使用者測試**

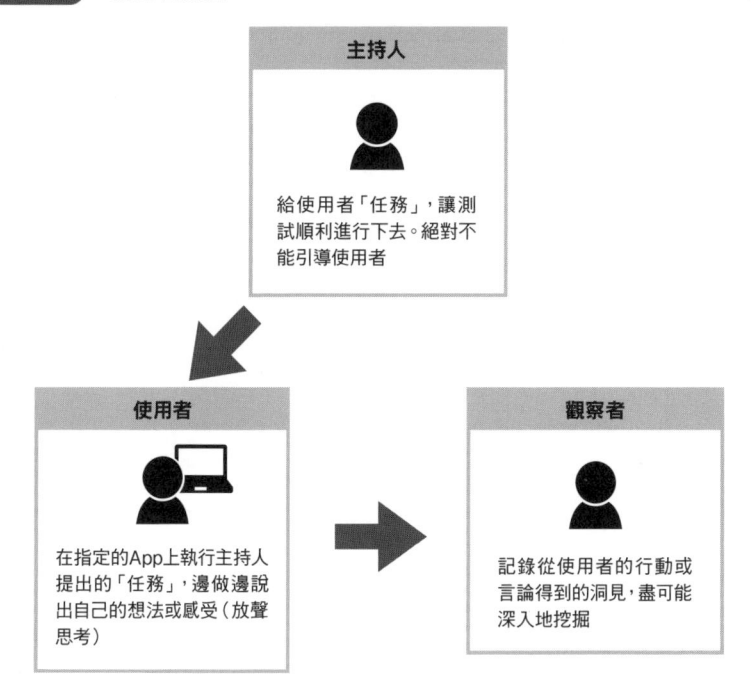

主持人
給使用者「任務」,讓測試順利進行下去。絕對不能引導使用者

使用者
在指定的App上執行主持人提出的「任務」,邊做邊說出自己的想法或感受(放聲思考)

觀察者
記錄從使用者的行動或言論得到的洞見,盡可能深入地挖掘

　　使用者測試常發現的問題,就是使用者不明白App的特徵或用法,所以無法進行下去,或是馬上停止使用。

　　就算我們好不容易透過廣告推廣獲得許多使用者,還巧妙設計了App內購買項目或廣告營利策略,如果這是一款使用者很快就會流失的App,最後只會陷入不斷努力把水倒進「破了洞的水桶」的狀態。

　　這種針對產品或使用者體驗的改善,大多是由產品經理或UX設計師這類人才負責,因此可能有人會覺得:「這些事務不在行銷人員負責的範圍內吧?」

　　但是請各位想一想,測試的目的是要找出使用者在哪裡遇到挫折、使用者在哪裡失去使用這款App的意願等問題。

因此，若拿使用者測試這類面對各個使用者的微觀驗證，對照運用MMP等工具提供的宏觀資料進行的驗證，可更有效地改善產品與使用者體驗。

後者是任何一位廣告操作人員都可以取得的資料，但並非所有公司都會為了改善產品而運用這種資料吧。

此外，筆者認為行銷人員若參與使用者測試之類的活動，應該也能對廣告的資料更加瞭若指掌，更容易想到改善的行動吧。

新手教學設計

新手教學是向第一次使用App的使用者說明並讓他實際感受App的用法，以及使用者能得到的好處的一道程序。

> **參考**
>
> 《Threes!》開發者分享的
> 「有效的App新手教學」製作方法 #GDC14
> http://www.tatsuojapan.com/2014/06/threes-gdc14.html

之前筆者曾在GDC（遊戲開發者大會）這場遊戲業界的國際盛事上，聽熱門遊戲《Threes!》的開發者——Sirvo公司的亞瑟・沃爾莫（Asher Vollmer）講述「如何製作有效的智慧型手機App新手教學」，這場演講的內容非常淺顯易懂，筆者就在此來為大家介紹當時他所解說的框架。

他在演講中提到，新手教學應達成以下4種作用。

Teach（教導）
Comfort（讓人感到舒適）
Excite（讓人感到興奮）
Respect（尊重）

製作新手教學時必須按照這個框架，注意教學的各個要素是否確實發揮了上述的作用。具體來說，就是必須掌握以下幾點（雖然這裡以遊戲為例，不過非遊戲的App應該也有許多共通之處）。

教導玩家要做的事（Teach & Comfort）
- 例如用影片表達世界觀，就算會打斷App的流程也沒關係
- 讓玩家的目光暫時從原本的App移到教學上的時間很重要
- 不過，使用很長的文章來說明，玩家也很有可能不會看，所以必須嚴格檢驗內容是否已傳達給玩家

讓玩家安心與使用（Comfort & Excite）
- 能夠安心使用、安心玩遊戲很重要
- 如果在新手教學中死掉好幾次，玩家就無法安心

讓玩家使用與尊重玩家（Excite & Respect, Teach & Comfort & Respect）
- 設定「教學目標」，例如經由教學通過1個遊戲關卡、設定個人檔案、追蹤某個帳號、按讚等
- 不能採用單純照著箭頭點擊螢幕之類的引導方式，必須尊重玩家的自發性
- 在朝第一個目標進行體驗的過程中告訴玩家應該做什麼

總而言之，新手教學就是要「在即使犯錯也沒關係、讓人可以安心的環境裡，讓使用者實際接觸App的系統，並在呈現世界觀的同時，簡明扼要地教導使用者該做的事」。

對行銷人而言新手教學其實非常重要。這是因為，廣告的成效衡量大多會需要去監測「有一段期限」的指標，比方說ROAS（廣告投資報酬率），尤其是去監測使用者在安裝App之後的頭幾天內到底貢獻了多少

的收益。

　　各位不覺得，安裝App後的新手教學等體驗，對這個指標有很大的影響嗎？畢竟要是不明白用法或好處，使用者很快就會流失，此外若不能讓使用者感到興奮或期待，也很難讓他們掏出錢來。
　　因此，改善新手教學，也能間接改善廣告推廣的成效。

　　行銷人應當根據資料，仔細觀察使用者在安裝App後的狀況。如果安裝後的留存率不佳，將這個狀況回報給產品經理等人士，並準備幾種版本的新手教學進行A/B測試也是有效的做法。
　　不過要注意的是，當產品團隊已改善新手教學時，獲客團隊是否並不知情，仍訂立同樣的數值目標，拿改善前與改善後的數字進行比較呢？在前提條件已變的狀態下進行比較，可能沒什麼意義。

　　總之，行銷團隊不僅要像這樣對產品的改變做出貢獻、同步追蹤變化，自己也必須展開行動才行。

App老師專欄⑪

什麼是AARRR模型（海盜模型）？

5個首字母的意思

AARRR是代表產品或服務成長要素的5個單字首字母。原本是矽谷創投公司「500 Startups」的戴夫・麥克盧爾（Dave McClure）在「新創公司的『海盜』指標（Startup Metrics for Pirates）」一文中提出的概念（「aarrr」原本是摹擬海盜吆喝聲的狀聲詞）。

這5個首字母就是以下的意思：

Acquisition　（獲取）
Activation　（活化）
Retention　（留存）
Referral　（推薦）
Revenue　（收益）

圖 什麼是AARRR模型？

A	A	R	R	R
Acquisition 獲取	Activation 活化	Retention 留存	Referral 推薦	Revenue 收益
獲得使用者的措施	讓更多使用者使用的手段	讓獲得的使用者繼續使用的措施	透過使用者的口碑或介紹進行推廣	收益的最佳化與最大化
〈指標〉 網站訪客人數 註冊新客人數	〈指標〉 試用使用者取消率 試用使用者留存人數	〈指標〉 付費會員人數 回訪使用者人數 功能使用率	〈指標〉 推薦使用者人數 媒體刊登數	〈指標〉 使用者平均收益 單一服務收益

※參考：什麼是AARRR～使服務成長的基本策略（Ferret）https://ferret-plus.com/298

這個框架是用來針對各個要素整理各階段的狀況與課題，而且與成長駭客（Growth Hack，為實現持續性成長的手段或技術，透過蒐集與分析各種資料，改善產品或服務、訂定與執行行銷策略）一樣，對於把產品或服務的成長視為重要課題的新創公司而言都是很重要的概念，因而廣為流傳、風靡一時。

遊戲App的AARRR模型

這裡就以遊戲App為例，談談什麼是AARRR模型吧。既然各位已看完本書前面的內容，理應能夠浮現許多具體的想像。

第1個A「Acquisition（獲取）」，是以獲得安裝等成果為主要的要素。使用者是經由多種路徑而來，例如社群媒體帳號、自有媒體、公關宣傳、一般搜尋等歸類在「自然管道」的各種管道，以及在本書中花費了許多篇幅說明的數位廣告，還有包括電視廣告在內的線下廣告等等，對Acquisition而言給各個措施分別設定出適合的指標並且回頭加以檢視是

很重要的。

「Activation（活化）」是在始於前述新手教學的一連串App體驗中，讓使用者開始順暢地使用服務與防止他們流失的要素。

對滿腦子只有獲取的行銷人而言，這是很容易忽視的步驟，但設計顧客行為的入口使他們成為粉絲本來就是非常重要的事。畢竟現實中真的很常發生，玩家因遊戲的玩法或最初的App體驗而感到厭煩的情況。

「Retention（留存）」是讓App的使用者盡可能長時間、盡可能頻繁地使用的要素。

以遊戲來說，常見的措施有提供每日登入獎勵給使用者作為誘因，或是定期舉辦活動。提高產品本身的易用度與功能性也是有效的辦法。總之就是朝著App即使安裝後過了幾天仍有許多使用者留下來的狀態努力前進吧。

「Referral（推薦）」是讓使用者能向周遭朋友推薦商品或服務的設計要素。

例如，設置引導路徑促進使用者在社群媒體上發文，或是可透過通訊App邀請朋友等等，總之只要提供方便喜歡App的人向周遭推薦的方式就好。不過，設計時必須考慮到對整個產品或服務的影響，不要破壞App的世界觀與平衡。

最後的「Revenue（收益）」，是設計收費點與收費項目的單價，讓使用者花錢的要素。這是使事業能夠獲利的關鍵，因此要與使用者同類群組等要素一起詳細分析，進行最佳化。

以遊戲來說，一般是將使用者分成付費意願高／低的使用者，與付費金額大／小的使用者，在設計遊戲的同時一併思考哪裡有課題、哪裡應該改善或加強。該觀察的指標與能夠採取的措施，則視收益的主軸是更多的小額付費使用者，還是少數的高額付費使用者而有所不同。

之所以在本專欄介紹這個框架,是因為在前述的可用性測試與新手教學等有助於產品改善的活動上,必須以「哪個要素有課題」、「應該採取改善措施嗎」等觀點研究各個要素,以避免落入陷阱。

　舉例來說,無論Activation(活化)的新手教學再怎麼講究,要是沒有Retention(留存),使用者很快就會離開App,如此一來就成了徒勞無功的活動。對行銷人而言,能夠對所有要素負起責任,為產品或服務做出貢獻可說是最理想的。

邁向推廣與營利的未來
～成為對事業成長有貢獻的人～

　　Chapter 1提到，行銷即經營，行銷力就是經營力。筆者覺得近年來，行銷力與經營力之間的連結變得更強了。其背景因素就在於「製作好東西、好服務，未必是企業的『勝利方程式』」。

行銷領域博大精深
　　在戰後高度經濟成長期隨著人口擴大而成長的日本企業，或許都經歷過「只要製作好東西就一定會熱賣」的商業環境。但有時會覺得這就像是一種「制約」，即使在大環境已改變的現代，這種觀念依然廣為眾人所相信著。

　　當然，如果不製作出好東西、好服務，就很難打造能持續下去的事業，這是大前提。本章也在一開始的部分就表明「到頭來，產品出色才是最重要的」。

　　不過，為誰製作什麼樣的東西或服務、如何送到該對象手上……，這個溝通活動必須經過調查、設計、驗證才行。也就是說，產品出色是必要條件，而非充分條件。

　　如果讀到本書最後一章的各位能夠感受到行銷的博大精深，或是對行銷一詞的意思有更廣泛的領略，沒有比這更令筆者開心的事了。

　　各位應該感覺得到，Chief Marketing Officer（CMO），也就是行銷長的工作範圍，遠比「宣傳經理的工作」還要廣大吧。

CMO該發揮的作用
　　筆者想在最後談談CMO該負責的範圍，以及行銷人該作為目標的工作範圍，來為本章劃下句點。請看圖9-02。

圖 9-02　CMO負責的範圍

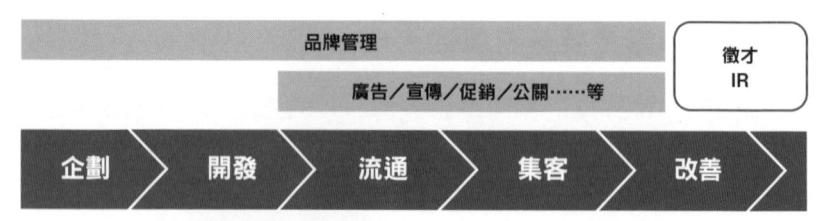

品牌管理		徵才 IR
	廣告／宣傳／促銷／公關……等	

企劃　＞　開發　＞　流通　＞　集客　＞　改善

- 調整／分析／資訊管理
- 客戶支援／客戶服務
- 自有媒體／社群媒體／CMS
- 公司策略／行銷策略／業務計畫／預算實績管理
- 組織／評鑑／徵才
- 部門間合作

以「企劃」為起點的深色橫條，從左方到右方是一連串企業的價值生產過程。

本書以企業的行銷人員（特別是當上App行銷人員的新手）為對象，深入探討廣告與宣傳，故內容僅觸及所謂的廣告部門或宣傳部門當中的數位領域。

不過，筆者想讓各位明白，行銷人真正該做的事，以及今後以行銷人身分累積職業經歷的過程中（希望你）會參與其中的事務有哪些項目，所以才用上面那張圖來說明。當然實際上不只有這些而已，還有各式各樣的事務。

如果想以行銷為武器，朝著高階職位邁進，就必須一併學習經營企劃與財務會計，或是資訊系統與人事等行政部門掌管的工作，並要能夠領導其他人才行。

當然，你也必須對開發與設計等改善產品的程序，以及業務銷售、商務拓展等製造實績的程序做出很大的貢獻。

如果以CMO為目標，就必須具備「凡是事業成長所需，任何事都會

去做」的態度，而且要是做不到「思考需要什麼並設定優先順序」就無法成為「好的C某O」。

說得難聽一點，在廣告代理商裡只負責操作數位廣告的人，或在商業公司裡只負責數位行銷的人是沒辦法立刻成為CMO的。

之所以想在最後寫下這些內容，是因為筆者不希望各位在面對App行銷時，把思考侷限在推廣與廣告營利這些小領域中，或是限縮自己的職涯觀。

既然本書自詡為App行銷的「教科書」，而且是針對今後想學行銷的人士撰寫而成，筆者認為提高各位的觀點也是自己的責任，所以才冒昧設置了這一章。

那麼，超脫行銷人這一個人的職涯後，能夠成為什麼樣的存在、能夠建立什麼樣的組織呢？筆者想在擱筆前稍微談一下這件事。

結語

從行銷人到經營者
～成為領導事業，以及組織的人～

為使企業成長而需要做的事，全是自己的工作

　　看到最後一章講述行銷原本應該涵蓋的範圍有多廣之後，各位讀者當中或許有人會覺得：「世上不存在這種超人吧？」沒錯，從現實角度來看，要在所有領域成為一流人士是很困難的。

　　筆者認為就是這個緣故，企業才要建立組織、才要招募人才。一般有著Ｃ某Ｏ頭銜的經營者，他的工作就是釐清企業價值、產品、業績、利潤若要長期成長需要做哪些事，然後訂立策略或計畫並付諸實行。

　　CEO（執行長）不見得對所有的業務都有相關的知識、經驗與資源。所以企業才要招募人才，建立以CMO或COO（營運長）為領導者的經營團隊，其他的Ｃ某Ｏ也必須在各自負責的領域建立組織或團隊，交出（高於）被要求的成果。

　　檢視外資企業徵才時所用的工作說明書（Job Description，詳細記載職務內容的文件）也會發現，職位越接近Ｃ某Ｏ工作內容就越籠統，沒有特別規定範圍。

　　如果要筆者用一句話說明「什麼是CMO」，那就是「稍常針對行銷方面調整目標或是策略條件的經營者」吧。再怎麼說主軸都應當是放在「經營」，此外他當然必須是公司的Ｃ某Ｏ中最熟悉行銷領域的人，不過筆者也希望CMO要抱有「為使企業成長而需要做的事全是自己的工作」

這種心態。

因此,如果只鍛鍊數位廣告操作之類的專業技能,即便能成為那方面的專家,應該也很難做到本來該成為的CMO位置上。

拿遊戲《勇者鬥惡龍》來比喻的話,就是當初在選擇職業時,即使選了廣告操作人員或設計師,如果將來想升級的高階職業是CMO,就需要擔任某個地方的事業負責人,也就是必須對P/L(事業損益)負責。

除此之外,如果本身還具備洞察B/S(資產負債表)以及C/F(現金流)的能力,並且爬到以事業成長乃至企業價值最大化為目標的職位是最理想的吧。

當然,對於想專心從事專業職的人而言,走不同於這條路的道路有時是最好的選擇吧。畢竟在第一線支持經營者的執行部隊當然也是不可或缺的,而且成員的能力自然是越高越好。

如果包括第一線的成員在內,大家都把經營者的目標「事業成長」當作自己的目標,所有人都具備追求整體最佳而非局部最佳的心態,那就會變成一支非常強大的團隊吧。

成為善於行銷的經營者

不過,當中可能也有人覺得公司的人數尚未多到能夠(或沒必要)建立組織。CMO的確是當企業已成長到一定規模後才需要設置的職位。

那麼,當企業規模還小時,要由誰負責本該由CMO發揮的作用呢?筆者認為應該由組織的最高管理者,也就是總經理來做這件事。這是因為,具備公司經營觀點,對市場、使用者與產品有所瞭解,而且還有領導能力與承諾的人適合扮演「CMO」這個角色。

就筆者的觀察，由COO負責行銷的情況似乎也不少。這麼做並不是不行，但COO通常也負責會計、財務與法務等後勤部門相關的、可算是「防守」的職務，故要由同一個人領導進攻與防守可能會有困難。

題外話，在日本能成為CMO的人物，有不少都是來自P&G或聯合利華、雀巢等外資消費財製造商。筆者個人認為這有2個原因。第1個原因是在日本，要擴大事業規模時（無論是BtoB或BtoC），以電視廣告為主的行銷通常是最有效果的。畢竟是投入大筆預算的專案，自然會認為交給具有大眾媒體廣告相關知識與經驗的人比較好。

第2個原因是，這些公司的行銷人員並非所謂的「廣告宣傳負責人員」，而是「產品經理」或「品牌經理」等要對負責的品牌（產品）P/L負起責任的人。不消說，他們對廣告宣傳也有一定程度的瞭解，除此之外可能還因為他們有機會更加全面地學習與體驗經營，才得以培養CMO職涯所需要的能力。

當然，除了待過外資企業的人物外，也有經由其他途徑或具備其他背景的人物成為CMO。例如曾任職於顧問公司或廣告代理商，或曾是新事業的創辦人等等，每個人的來歷都不一樣。

不過，能夠成為企業C某O的人才，大多並非單純延續現在從事的工作，他們會在職涯的某個階段轉換跑道精通數個業務領域，之後成為部門或組織的領導者，或是站在要對產品的業績與利潤負責的立場。

如果能像這樣從「懂經營的行銷人」變成「善於行銷的經營者」，姑且不論這個人的頭銜是什麼，應該都能將「CMO的工作」交付給他吧。

這時能夠得到的東西，並非只有頭銜、地位與報酬，還有「對社會造成巨大影響的力量」。

希望閱讀本書的人，能藉由正確的行銷讓App成功、使企業成長，個人的職涯也能收穫甜美的果實。此外也期盼這樣的結果，能促使企業向消費者提供更多有價值的服務，有更多的使用者拉近與幸福的距離。如果未來，關照筆者10多年的App行銷業界能夠變得更健全一點，沒有比這更令筆者開心的事了。

最後，我要借這個地方，向撰寫本書時直接或間接給予幫助的人們表達謝意。

首先是願意給知識及經驗都不足的自己很大的挑戰與成長機會的舊東家（樂天、Google〔尤其是AdMob〕、AppLovin、Smartly.io），以及現職公司Moloco的戰友們。無論工作還是私生活都有許多交流，與我交換了許多知識、經驗與意見的各位客戶（廣告主、媒體、廣告代理商）和合作夥伴。

總是互相競爭的大型平臺與廣告聯播網、DSP的相關人士，與其說他們是敵人，倒不如說是一起讓業界發展的好對手（不過，那些明明知情卻還繼續販售廣告詐欺媒體的人是絕對不能原諒的）。

透過部落格、研討會、學習會、書籍或媒體大方分享Know-How的諸位人士，因為受到你們的分享精神感召，除了撰寫本書之外，平時我也會透過部落格與演講等方式分享自己獲得的知識。

其中「App行銷研究所」更是特別令我感激的媒體，感謝他們不辭辛勞提供各種有價值的資訊，例如其他地方看不到的珍貴的海外報導、使用者訪談或是開發者專訪等等。今後我也會繼續訂購note的付費數位雜誌的。

老是叫我「多賺一點錢」，對我施加甜蜜壓力的兒子與女兒，你們是我的動力來源。

總是守護家庭，為我打造快樂又能安心的容身之所的妻子，謝謝妳讓我做自己想做的事。多虧有妳，我成功解鎖了「商業類書籍的作者」這項新成就。未來也請妳與我一起欣賞新世界喔。

我還有許多想感謝的人，可惜沒辦法全部寫下來。這些人與我之間或深或淺的關係，造就了今日的我。謝謝你們平時的照顧，今後也要請各位多多指教。

最後要感謝的是，因為我的寫作速度慢到連自己都受不了，在本書出版之前非常有耐心地支援了我3年的日本實業出版社荒尾編輯，以及陪我完成這趟閒聊很多的寫作馬拉松的內山先生。如果沒有這2個人，存放在我腦中的App行銷知識就不可能問世。真的很感謝你們的照顧。

坂本達夫（Tatsuo Sakamoto）

行動App的廣告與行銷專家。畢業於東京大學經濟學院。曾任職於樂天、Google、AppLovin、Smartly.io，2021年9月在創立於美國的機器學習獨角獸企業Moloco就任日本業務負責人。工作之餘也積極舉辦有關App行銷與營利的演講，以及撰寫相關報導和部落格文章。2016年起在介紹App服務的電視節目「不亦善哉!!」（暫譯，TOKYO MX播放中）參與演出，負責解說最新的有趣App。此外也是天使投資人，主要資助日本國內約70家新創公司。

內山隆（Takashi Uchiyama）

畢業於慶應義塾大學。目前在策略顧問公司參與數位領域的各種專案。曾在草創期的新創公司建立事業，之後在數家大型科技企業協助進行App的行銷與營利。會在平時透過支援客戶的機會，掌握廣告科技業界的最新動態。

App行銷變現術
從獲取用戶、精準投放廣告到實現流量獲利的商業模式

2025年9月1日初版第一刷發行

著　　者	坂本達夫、內山隆
譯　　者	王美娟
編　　輯	吳欣怡
封面設計	水青子
發 行 人	若森稔雄
發 行 所	台灣東販股份有限公司
	〈地址〉台北市南京東路4段130號2F-1
	〈電話〉(02)2577-8878
	〈傳真〉(02)2577-8896
	〈網址〉https://www.tohan.com.tw
郵撥帳號	1405049-4
法律顧問	蕭雄淋律師
總 經 銷	聯合發行股份有限公司
	〈電話〉(02)2917-8022

著作權所有，禁止翻印轉載。
本書如有缺頁或裝訂錯誤，
請寄回調換（海外地區除外）。
Printed in Taiwan

國家圖書館出版品預行編目資料

App行銷變現術：從獲取用戶、精準投放廣告到實現流量獲利的商業模式／坂本達夫、內山隆著；王美娟譯. -- 初版. -- 臺北市：臺灣東販股份有限公司, 2025.09
298面；14.8×21公分
ISBN 978-626-437-101-8（平裝）

1.CST：網路行銷　2.CST：電子行銷
3.CST：行銷策略

496　　　　　　　　　　　　114010322

APP MARKETING NO KYOKASHO
© TATSUO SAKAMOTO, TAKASHI UCHIYAMA 2023
Originally published in Japan in 2023 by
NIPPON JITSUGYO PUBLISHING Co., Ltd.,
TOKYO.
Traditional Chinese translation rights
arranged with NIPPON JITSUGYO
PUBLISHING Co., Ltd., TOKYO, through
TOHAN CORPORATION, TOKYO.